趁年轻，热爱吧

◎袁岳 著　◎郭盖 绘

热爱并非偶然产生，而是基于见识、选择、成就、汇聚、优化五要素的螺旋式过程。见识是热爱的起点，没有丰富的见识，我们难以做出明智的选择，也难以形成坚定的自信。

大连理工大学出版社
Dalian University of Technology Press

图书在版编目（CIP）数据

趁年轻，热爱吧 / 袁岳，郭盖著、绘 . -- 大连：大连理工大学出版社，2025.4（2025.4重印）-- ISBN 978-7-5685-5625-5

I. B821-49

中国国家版本馆 CIP 数据核字第 2025QU5159 号

趁年轻，热爱吧　CHEN NIANQING, RE'AI BA

图书策划：顾丰
责任编辑：王伟
责任校对：邵婉
封面设计：奇景创意

出版发行：大连理工大学出版社
　　　　　（地址：大连市软件园路 80 号，邮编：116023）
电　　话：0411-84707410　0411-84708842（营销中心）
　　　　　0411-84706041（邮购及零售）
邮　　箱：dutp@dutp.cn
网　　址：https://www.dutp.cn

印　　刷：大连图腾彩色印刷有限公司
幅面尺寸：147mm×210mm
印　　张：7.375
字　　数：146 千字
版　　次：2025 年 4 月第 1 版
印　　次：2025 年 4 月第 2 次印刷
书　　号：ISBN 978-7-5685-5625-5
定　　价：49.00 元

本书如有印装质量问题，请与我社营销中心联系更换。

目录

序　章　热爱螺旋

启动你自己的"热爱螺旋"　　2

让我们形成对于爱的肌肉记忆　　4

练出真爱不糊涂　　6

第一章　专事之爱

高考后的专业选择　　10

职业爱好也许只是一个传说　　12

职场有它自己的逻辑　　14

你是老板喜欢的员工吗　　16

选公司、选员工的双向讲究　　18

随行高管是学习的好机会　　20

不怕不懂，就怕不动　　22

阅读心得　　24

分享做事小原则　　26

客户意识与乙方心态　　28

稳健的创新工作策略　　30

你学的专业不等于你的工作　　32

做一个热情的职场积极分子　　34

那些闪光的职场价值观	36
阅读心得	38
做一个快乐的工作狂	40
职场是一个足够大的江湖	42
职业成就带来的多巴胺	44
从"懒人"经济到个性化需求	46
我们的干活哲学	48
不能勇于前沿，就只能落于后沿	50
阅读心得	52

第二章 美物之爱

以物彰情情几何	54
别人家的好东西	56
你可以宠一块石头啊	58
手工正成为奢侈的象征	60
环游世界的几个窍门	62
长假热潮中的别样玩法	64
读书要读出圈	66
阅读心得	68
读点闲书也不错	70
阅读真的还有必要吗	72

目 录

读书多一定很好吗	74
提升美食敏感度，让生活绽放	76
好吃、爱做饭和开餐厅的三重境界	78
你多久没吃过地道的杂烩了	80
阅读心得	82
南京烤鸭那才真好吃	84
我是无鱼不欢的主儿	86
吃螃蟹，懂螃蟹	88
让点菜成为你的高光时刻	90
每顿一个好吃的菜	92
管理晚餐的一点意见	94
阅读心得	96

第三章 挚友之爱

人生中友爱的斤两	98
朋友之用	100
高质量人脉的特点	102
陌生人转化为好朋友	104
交朋友的小技巧	106
把朋友放在我们哪个部位	108
阅读心得	110

别和玩世不恭的人做朋友	112
让沟通方法助力正向关系	114
生活里的妥协之道	116
可贵的热情是啥东西	118
衡量价值观的真实性与甘愿吃亏	120
仗义成本的管理	122
阅读心得	124
但是的后面常常挤满了借口	126
一味对人好不见得能收获感恩	128
微妙时刻"做个人吧"	130
那么就收获点纯友谊吧	132
安全社交能人成长法	134
网络铁粉和非铁粉的关系	136
阅读心得	138

第四章 情性之爱

只想与性情中人相爱	140
话题维护是谈恋爱的关键	142
爱情密码我不熟	144
办公室恋情利弊轻重	146
在亲密的关系里做点啥	148

目 录

情感呈现中的不对称规则	150
恩义及其意义	152
阅读心得	154
那位怒了，你要不要哄啊	156
留意相处禁区	158
相爱才让彼此值得	160
相处出问题，找自己的责任	162
"学霸"这样谈恋爱	164
情感关系中的影响力及其分寸	166
阅读心得	168
示弱是有爱最可贵的标志之一	170
男女平等与平衡	172
情性之网何其大也	174
爱就差一场病	176
承诺和誓言的用处	178
在一起，不简单	180
阅读心得	182

第五章 化外之爱

让自己拥有另一面的感受	184
做那个随时伸出援手的人	186

自以为是常有，而自知之明不常有	188
在追问中寻找答案	190
在利己和利他之间的平衡	192
细节影响品质	194
积极改变状况，也改变人生	196
阅读心得	198
珍惜想象所产生的力量	200
有多少钱可以心安	202
平常心与不平常心	204
愤怒就愤怒吧	206
耐心之源	208
爱张罗的人才	210
阅读心得	212
年轻可以背井离乡	214
意志力也是一种生产力	216
当万千感受付诸笔端	218
无用之用	220
那些眼里有光的人	222
在知识的边界处碰撞生辉	224
阅读心得	226

序章
热爱螺旋

趁年轻，热爱吧

启动你自己的
"热爱螺旋"

热爱是最好的老师
但问题是
我的老师热爱旷课

序章
热爱螺旋

　　热爱并非偶然产生，而是基于见识、选择、成就、汇聚、优化五要素的螺旋式过程。见识是热爱的起点，没有丰富的见识，我们难以做出明智的选择，也难以形成坚定的自信。

　　在见识的基础上，我们需要做出选择。这个选择不仅仅是一个简单的决定，更是一种承诺和投入。它需要我们以某种形式明确下来，比如书面文件，从而稳定自己的行为，并表明自己的决心和态度。

　　选择确定后，我们就可以将有限的资源集中在这个选项上，通过持续的投入和贡献，建立起与这个选项之间的深厚关联和归属关系。在这个过程中，我们会因为自己的投入和产出而感到成就满满，这种成就感又会进一步巩固我们的热爱。

　　然而，热爱并非一成不变。为了保持其持续性，我们需要进行阶段性的反思和优化。这不仅能让我们找到提升的方向，还能避免在习以为常中失去热情。只有这样，我们才能不断穿越热爱螺旋，发现并实现自己真正的热爱。

趁年轻，
热爱吧

让我们形成
对于爱的肌肉记忆

有人说长久的热爱
便会形成肌肉记忆
我看也是

序章
热爱螺旋

偶尔的行动不稀奇，只有经常与持续的行动才能让我们形成对于某种行为的熟练与肌肉记忆。用 10 000 个小时，我们也许能形成一项专门能力的高技能特性。爱也一样。

有过爱的经历的人都知道，真爱不见得只爱可爱的；真爱不只是欢喜接收美好；真爱除了获得，很多时候还要放弃，甚至牺牲；真爱需要忍耐克己、成就别人、担当负重、不图非分的利益。所以，在爱中，我们要操练得到还要操练割舍，要操练享受还要操练改变。关键还在于动力。

爱是美好生活的基本门径，真爱不仅是获得，也包括放弃和牺牲。爱的动力源于正面投入和信仰，与有爱的人一起创造和传递爱，爱便能生生不息。让我们把爱当成果树好了。爱是长出来的，爱是培育出来的，爱是种子，是绿叶，是果实；爱更是选种，是施肥浇水，是整枝培土，是驱虫守护，是及时的采摘收储。只要我们坚持这些寻常的创造，那么爱的果树就能持续结果，而且还会有更多的新果树、新果实涌现与生长。亲爱的朋友，准备好了来打造与养护这样一片爱的果园了吗？

趁年轻，
热爱吧

练出真爱不糊涂

你以为你是纯爱

其实是最便宜的大白菜

序章
热爱螺旋

在当今社会，许多人对自己的"爱"并不自知，因为他们对所爱之物了解片面，缺乏切实的追求和深入的了解。我的幼年理想正是我"爱"的起点。这些理想驱使我不断努力，这些经历让我明白，如何去"练爱"。教育的目的，不仅仅是传授知识或应对考试，更重要的是教会孩子真正地热爱，按照他们自身的理想，顺着成长的轨道，去培养他们的五种"爱"。

一是"专事之爱"，即每个孩子都有自己的特长和喜爱的东西，要尊重并培养这种热爱，让孩子找到自己热爱的方向。二是"美物之爱"，要学会享受物欲之爱，让生活变得更美好。三是"挚友之爱"，真正的朋友之爱需要默契，多去了解朋友的想法，减少误解，做到主动付出、接纳可能的不平衡。四是"情性之爱"，学校应进行适当的性教育，让孩子对性有正确的认识。五是"化外之爱"，孩子应多接触、多体验陌生事物，发现潜在的喜爱。

我们应培养孩子去真正地热爱，让他们具备对五种"爱"正常的认识和追求，让孩子在这种环境下，呈现出超越想象的能力。

趁年轻，
热爱吧

这么好玩儿的书

我提议咱们不妨换个"姿势"来开启

我邀请正在阅读本书的你

先来做个"热爱小体检"热热身

领取你的专属热爱风格结果吧

扫码，看看你是
哪种"热爱达人"？

ies
第一章
专事之爱

趁年轻，
热爱吧

高考后的
专业选择

可能工作几年后
就没人问你的毕业院校了
但你选的专业
极可能是"牛马"一辈子的草场啊
当然要选自己爱吃的喽

第一章 专事之爱

高考结束后,专业选择成为关键。对于大多数同学可以试着选择应用数学、高等数学、编程、系统工程技术等具有实际用途的专业,或者物理、化学、哲学等能开拓思维的学科。

在选择大学时,不必局限于顶尖学府,可以考虑一流二类专业与二流一类专业的大学,这些学校能提供实际职业技能教学。对于成绩稍逊的同学,选择有职业技能教学力量的应用型大学更为实际。

多数时候选择城市比学校更为关键。中心城市如北京、上海、广州、深圳拥有丰富的校外资源及留学、实习、就业机会,以及更广泛的社交网络。中心城市的学生毕业后也相对容易找到工作。因此,选择更好城市的次一级学校通常优于选择较弱城市的上一级学校。

趁年轻，
热爱吧

职业爱好
也许只是一个传说

老板跟员工说
只要人人都献出一点爱
这个公司就会盆满钵满

第一章 专事之爱

　　一个人能发现职业爱好真的太重要了,因为有了职业爱好,你就有可能用你生命中最重要的时间段来实现成就感与幸福感的统一。但爱好不只是一种印象性的好感,而是在此基础上要在较早的时候去体验与尝试。发现爱好是有个过程的。很多职业初看并不吸引你,甚至让你感觉不舒服,要给点时间去体会与认识。通过更多的尝试和各种不同的实习,内心才会有比较与选择。

　　工作中有不顺心的事情是正常的,这与非职业爱好不是一回事,在任何工作中都可能不如意,而爱好的工作让你更愿意去忍耐与克服这些不如意。没有爱好就没有方向、内驱力、持续心和凝聚力。声称有爱好的人也未必是真的爱好,爱好而无见识的人声称的爱好可能是一厢情愿的构想,真正尝试时可能大失所望。把一个爱好贯彻到深处,会发现很多爱好只是选择的源头,而这个源头也受到家境、见识和交际的影响。在有了更大的行动半径后,我们在有自己爱好的原力以外,还多少要兼顾一点自己不那么喜欢的事情与人物,因为很多时候喜欢的事情要做成,是需要很多不喜欢的人支持的。

趁年轻，
热爱吧

职场有它自己的逻辑

如果你说工作没意思
是因为你没懂工作的意思
只有你懂了它的意思
工作才有意思
我：你到底什么意思

第一章 专事之爱

职场逻辑要求我们理解事情的结构，就是一件事情的要点之间的联系，这些要点通常在三个以上，而且体现了一个核心的价值点。理解职场逻辑有助于我们更好地筹划事情。

熟悉工作是有捷径的。通过模仿资深者并寻求突破，比较容易确立我们在他人心中的印象。大部分的工作都有6~8个月的适应期，不宜轻言放弃。

每个人都可以寻找与加强自己的领导力，朴素的领导力通常包括三个部分：一是积极做事情，形成自然的示范能力；二是积极做自己热爱的事情，形成信息与经验的聚合，从而更能感染说服他人；三是能与多少有点不喜欢的人一起做事情，这就是度量。

沟通能力在知识服务领域至关重要，包括口头和书面两方面，它让我们得到机会、被接受并影响他人。通过练习有魅力的演讲和持续写作，能够更好地掌握沟通技能的要领。

如何做好时间管理？需要做好资源整合，五件事情一起完成的时间，并不是五件事情单件完成时间的总和。

趁年轻，
热爱吧

你是老板
喜欢的员工吗

一个职场"浪子"必备的技能
不是仅仅让这个老板喜欢我
而是让所有老板都欲罢不能

第一章
专事之爱

管理者和领导人希望员工合作、能干、理解力强、执行到位。除了这些,老板对员工的特别喜爱或欣赏还受微妙因素的影响。

首先,老板喜欢有独立思考能力的员工,他们能对困难问题提出有价值的解决方案,能减轻老板的决策压力。其次,老板欣赏那些面对困难不叫苦、积极行动的员工,这样可以让老板从容处理问题。再次,老板喜欢在授权范围内谨慎行事的员工,重大授权后懂得报告备案,树立好榜样。再其次,老板看重能加强成本控制的员工,合理预算内尽量控制支出,并汇总报告成效。最后,老板欣赏在边界事项上勇于任事、不斤斤计较的员工,他们能算大账,甚至主动让渡利益。

如果在此条件下仍不能得到适当回报,可以考虑转换工作。这类行为的表现能力与特点通常更受管理层欣赏,即使在一个单位不能得到好的发展,在另一个单位仍有可能受到欢迎。

趁年轻，
热爱吧

选公司、选员工的双向讲究

怎么样，你们老板喜不喜欢你

不应该问我喜不喜欢老板吗

这几份工作都是我开掉他们的

> 第一章
> 专事之爱

在当今信息化、数据化的时代，成为IP的可能性增加，但实际上成功者仍是少数。领导者、领导品牌、赢家始终是竞争力的结果，IP亦然。因此，选择公司对个人发展至关重要。

首先，选择一个人才辈出的公司服务。这样的公司在行业中被誉为"黄埔军校"，培养出许多成功创业者，人们愿意与这些公司的人才合作。其次，公司应提供平行发展的空间。这意味着公司的成长与员工的成长机会应相互促进，即使员工的发展超出公司需求的边界，也是允许的。再次，老板的管理方式应不拘一格。公司应培养员工的行动技能，使生产力真正提升，得到广泛认可的高能力员工。

综上所述，选择公司和员工时，应考虑乐观主义者、行动主义者、新集体主义者和进取主义者这四个特质，以实现个人和组织的共同成长。这些双向讲究有助于构建一个人才辈出的生态资源和生态平台。

趁年轻，热爱吧

随行高管
是学习的好机会

听说随行高管是学习的好机会
于是我和高管形影不离
高管：我去厕所，你跟来干吗

第一章 专事之爱

　　随行高管机会难得，优秀的随行助理会事先做好功课，包括了解活动、单位、人物背景，以及准备提问和期望启发的问题。这样的准备体现了心思、历练和眼光。随行助理需明白工作场合的主次，服务好领导和沟通对象，找到自己的定位，如记录、纪要和报道，准备好自我介绍和恰当的社交应酬，以及对接和善后工作。遇到不适现象，如过量饮酒，应微笑谢绝。

　　随行助理会接触到业务机密和人员隐私，需遵守纪律：不打听隐私，不传播特定事项，不八卦领导和客户隐私，不依赖领导提醒和服务，不需要领导安排人事对接。随行时间虽短，但足以判断一个人的知识和见识、反应和应对能力、考虑问题的周到性和社交成熟度，以及职业能力和新知探索能力。

趁年轻，热爱吧

不怕不懂，
就怕不动

学生：都说不懂就要问

老师：那也不是让你在考试时候提问呀

第一章 专事之爱

在沟通中，我们常遇到对方未能理解甚至误解我们意图的情况，这在职场、社交乃至亲密关系中都不罕见。费解与误会往往源于几个因素：一是双方的知识信息不对称；二是双方所使用的语言模式与表达方式不一致；三是双方信息传递的直接程度的差异会形成理解的难易度；四是表达时的负面情绪影响沟通。

纳闷请提问。即使是 AI，也需通过不断提问来深化理解。孩子的最可爱处在于不懂就问、好奇就问、不耻下问，这种精神值得学习。如果我们积极主动地发问，就能少陷于误解，在判断前保持"请指正"的谦卑态度，即使有误也不易引发冲突。对于提问者，我们也应耐心回馈、分解体会，促进良性互动。如此，沟通才能更加顺畅，误解得以减少。

阅读心得

通过阅读，我的收获和启示：

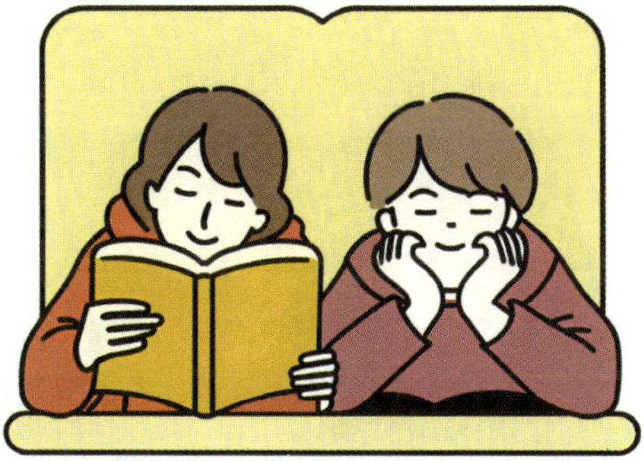

趁年轻，
热爱吧

分享做事小原则

我这个人有很强的原则性

例如，我吃面必须要"咻"出声

例如，我喝可乐必须喝完"啊"一下

例如，我吃葱油饼要把葱挑掉

咻咻咻

咻咻咻

第一章
专事之爱

关于人才，我们应顺应社会发展提供独特的选育机制，而非固守陈规。望其远而得大才，重其近而得实才，综其用而得团队。有时听听噪声，当噪声带给自己更多的好处时，是合流同噪，还是另发其声？这不仅关乎专业素养，更体现道德操守。

专业需深入社会角落，不闭门造车，不蜻蜓点水，深知职责和角色，不浸染合流。最低的成本在于沟通，当面对需求、问题、结果时，温暖而坚定的沟通才能指向成功。

有舍有取，专精有识，行于特别，聚焦垂直，专注行动，持续挖掘。加强数字化工作可能有助于降本增效，但需警惕盲目跟风：避免重复建设、不明所以的投入，审慎评估引进项目的回报预期。

也许办事时有"关系"可走捷径，但成本可能更高，代价可能更大，持续性可能更小。应尽量自己争取机会，屡败屡战，这样的努力成果更有价值、更可持续、更理直气壮。

面对不喜欢的时刻，我们应认真琢磨如何安排。认真对待可能得到比预期更好的结果，只选择欢喜的部分很可能总体状况并不可喜。

趁年轻，
热爱吧

客户意识
与乙方心态

世界上本没有神仙
直到现实一巴掌
把我扇成了"太乙真人"

28

第一章 专事之爱

具备客户意识对每个人至关重要。客户由"客"和"户"构成,我们需对客人尊重并留下好印象。客户不仅指个人,也代表一群人,对他们的做法反映了我们对一群人的态度。掌握服务客户的规则,有助于我们与更多人合作。具备客户意识让我们在生活中能争取到合理的待遇和条件。

客户要素通常由需求、有效购买力、可接触性和共识四方面构成。需求是成为客户的起点,购买力是投入产出比的考量,可接触性关乎能否实际交易,共识则是双方达成一致的过程。服务客户需了解顾客需求、激发认同、具备谈判和达成协议的能力。

客户意识不仅是商业关系,也是生活态度。我们应将客户视作亲人,了解并激发需求,沟通达成行动方案,并明确记录。这减少了不确定性和不安心,增加了生活的清晰度。客户意识让我们与他人建立平等、合作、谈判的关系,互相满足需求,共同构建和睦的家庭、公司和社会氛围。

趁年轻，
热爱吧

稳健的
创新工作策略

小明是个稳健的人
每次考试都是稳居倒数第一宝座

第一章 专事之爱

在工作规划和任务设计时，我们需要平衡稳定与发展指标、巩固与创新点之间的投入，以及有限资源与提升要求之间的可能性。

二球策略建议我们设定低球策略作为工作底线和保障板块，需要基础投入；高球策略则是计划突破与创造的部分，需要聚焦、规划和创新。高球可能是对现有工作的深化提升或全新突破，而低球构成维护性工作，占据大部分资源和产出。二板策略要求我们明确地板工作指标，即不能低于已有表现的工作标准；以及天花板工作指标，即凸显新亮点与突破的领域。局外人看，地板工作不能有洞，天花板工作应该亮灯。

二球与二板策略适用于管理个人事务、公司发展和公共部门工作，可避免全面投入导致资源分散，而能有重点地投入，保持工作节奏差异。

趁年轻，
热爱吧

你学的专业不等于你的工作

老板说，年轻人要多学习
于是我把他批评我的话术整理好了
已记在小本本上，存档"记仇"

第一章 专事之爱

其实我一向主张，一个人所学的专业与所做的工作之间不一定要对应，关键在于如何被新领域接纳。

第一，可以多尝试不同领域的实习工作。实习的筛选相对没有那么严格，因此选择实习时，不必局限于所学专业，而应勇于尝试不同领域，以实习为跳板，探索新的职业方向。

第二，可以通过写文章展现对目标领域的深入理解和研究。无论选择哪个领域，若能够撰写八到十篇相关文章，通常可以较好地展现自己的兴趣和投入。文章可以基于案例分析、行业报道总结或人物特写等，关键在于展现自己的洞察力和判断力。

第三，学会合理转换所学知识理念。将原有专业中的有价值元素融入新领域，明确原有技能在新领域中的应用方式，展现自己的独特优势。

欲望与理想的区别在于是否愿意付出代价。只有真正投入时间和精力，才能在新领域中站稳脚跟，获得认可和机会。无论所学专业与目标职业是否匹配，只要勇于尝试、深入研究并合理转换知识，就能实现跨界转换，开启新的职业篇章。

趁年轻，热爱吧

做一个热情的职场积极分子

同事说我很热情
是团队开心果
那必须的，既然提供不了实际帮助
就提供点情绪价值吧

第一章 专事之爱

　　在校园与职场，勤快是通往成功的关键，即多做且快做。一个行动若能坚持一万个小时，往往能成为一项技能。人生非规划所能限定，它源于不断的尝试与体验，唯有亲身经历，方能明晰自我定位。每个人的性格、特点、偏好、擅长都是不同的，当你经历足够多，你才会知道自己适合什么。

　　一个组织是由各种角色的人构成的，一项工作也是由团队完成的。公司需要"心甘情愿"的奋斗者，需要"心甘情愿"的追随者，也需要"心甘情愿"的按部就班的人。不是发光的那个人才重要，每个岗位上的角色都非常重要。

　　此外，强健体魄是事业成功之基。真正能取得事业成功并坚持走到最后的，一定是身体很好而且心理素质也很强的人。

　　总结而言，大学时光应致力于三点：一是通过多种途径了解社会，如实习、兼职等；二是保持身体健康，这是所有可能性的前提；三是培养一项个人偏好并能熟练掌握的技能。这三者将为你的未来奠定坚实基础。

趁年轻，
热爱吧

那些闪光的
职场价值观

最近学会了凡事多说 yes
客户问我能否免费
我说 yes
不知为啥老板的脸瞬间黑了

第一章
专事之爱

　　勤快不仅是对任务的迅速响应，更是一种持续的关注与投入。忠诚是对所选事业的坚定承诺，以及对团队原则的坚守。精益强调在细分市场的深耕细作，寻找并利用小而精的市场机会。练达源于不断的实践与反思。耐心的指导和沟通能够有效提高团队的整体水平。精明不仅体现在对成本效益的精确计算上，更在于对整个管理流程的高度掌控。迎战是一种面对未知挑战时的积极态度，是推动个人及团队向前发展的关键动力。到位意味着将目标细化为可操作的步骤，并确保每个环节都能按时按质完成。垂范意味着以身作则，为团队成员树立榜样，通过自己的实际行动展示正确的行为方式，引导团队朝着正确的方向前进。

　　服务的本质在于建立深层次的连接，通过不断创新和提升服务质量，增强客户的满意度和忠诚度，它不仅要求高效、精准地满足客户需求，更注重提供超出预期的附加价值。用感恩的心态面对生活中的每一件事。保持豁达的心态，不因个人得失而烦恼，学会换位思考，宽容待人，创造更和谐的工作和生活环境。

阅读心得

通过阅读，我的收获和启示：

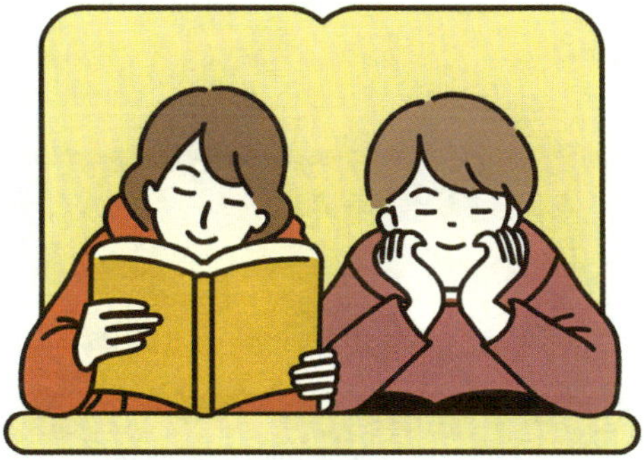

> 趁年轻，
> 热爱吧

做一个快乐的
工作狂

> 我不是"狂人"
> 因为我"狂"起来不是"人"

第一章
专事之爱

热爱工作的人,被称为"工作狂",他们投入更多,追求卓越,这种热情使他们的工作更具吸引力和感染力。

工作狂非常重要的特点之一就是能富有热情与感染力地向别人传达自己的热爱,以至于他所做的事情比其他平静地做的事情更具有色彩与味道,从而也更有可能吸引到别人的资源。他们追求在热爱的领域中取得成就,而不是敷衍了事。如果得到支持和空间,工作狂的狂热可以转化为持久的成就感和幸福。在追求平衡感的今天,工作狂显得尤为珍贵,他们是真正的创业家和业务骨干,也是可能获得投资和尊敬的事业家。

如今人们更加讲究平庸的幸福感与平衡感,工作狂因此显得更加金贵。工作狂分为两类:一类是将工作视为乐趣,另一类则用工作成功作为实现人生梦想的跳板。前者可以收获独特的同期痴迷之乐,后者可以得到春华秋实的周期乐趣,无论哪一种,都是平庸生活中不易体验到的独特乐趣。

趁年轻，热爱吧

职场是一个足够大的江湖

江湖上最厉害的轻功
不是凌波微步
而是下班冲刺打卡的时速

第一章
专事之爱

　　职场是青年人成长的重要舞台，它复杂多变，每个角落都有其特色。职场与学校截然不同，其动态度高，知识、人员、观念不断流动。

　　职场的构成有空间特点，并且在职场的时候还要考虑规模的大小，这个规模不仅是基于物理意义上的空间、体量，同时还要从技术意义上考虑，从虚拟意义上考量。职场中的层级和规模也会影响工作方式。有的公司层级森严，有的如互联网公司则扁平化，鼓励民主讨论。职场角色多样，从技术人员到销售，每个角色都有其特定的要求和挑战。

　　所以职场中不同的组织文化形态是不同的，你面对的一个很重要的选择是我要去职场的什么地方。因此，从上学开始，我们就应该关注职场，了解不同工作的区别，积极结识人脉，摸索自己的方向。大学选择、实习和工作都应基于个人追求，而非他人安排。找到喜爱的工作，即使辛苦，也能感到成就和幸福。

趁年轻，
热爱吧

职业成就带来的
多巴胺

我自然是超爱工作呀

不然怎么会

做梦都在改方案

第一章
专事之爱

我认识一些朋友，他们对工作充满热爱，工作几乎占据了他们大部分的时间，从休闲到社交，甚至娱乐时间也不例外。他们的话题总离不开职业，朋友圈也紧密围绕职业构建，乐于将各种资源整合进工作中，并热衷于分享职场故事。与他们相处，我深刻感受到他们生活中职业的高度渗透，职业习惯甚至职业病也时有显现。

相比之下，另一些朋友则将职业视为生活的配角，或仅仅是谋生的手段。他们努力将职业与生活分离，对职业本身缺乏兴趣，偶尔提及也只是对单位人和事的抱怨。

相较于对万事皆有兴趣却浅尝辄止的业余者，那些对工作有深厚热爱的人更加有趣。他们因专业深度和聚焦而与众不同，享受挑战、探索困境、突破关键点的过程，体验紧张、挫折、兴奋、惊喜、好奇与持续挖掘的乐趣。在职业成就上，他们更有可能分泌出超越常规的多巴胺，享受其中的乐趣。他们的生活因此而更加精彩，拥有个人得意之处、核心竞争力以及作为个体的专业特色。尽管他们可能在恋爱、游玩、社交上投入较少，但我们不应轻视他们，因为他们同样出色。

趁年轻，
热爱吧

从"懒人"经济
到个性化需求

你知道吗

每个人身上的"懒细胞"不同

而我，特别多

懒细胞

我

第一章 专事之爱

创新创业的本质在于创造力的应用，这与高职高专院校关系密切。近年来，"懒人经济"市场呈现迅猛扩张态势，它并非传统意义上的懒惰，其实"懒人经济"发展很重要的因素是社会走向专业化，即"professional worker"成为主流，核心在于满足人们个性化的需求，而高校却缺乏专业职业方向的人才。因此，高职高专院校在创新创业方面的发展成为构建知识产业的关键。

个人发展创造力需具备"will"（意愿）和"skill"（能力）。意愿分为爱好和机会意愿。爱好是自然创造力的源泉，而机会意愿则源于经验积累和时势反应。老师应保护学生的爱好，尊重他们的创造原动力，并给予他们训练机会，注重经验积累而非一次成功。学生也应把自己当作社会人士，去体会市场。

能力要素包括反应力、团队力、持续力和进化力。反应力涉及理解力和判断力，团队力强调领导力和协同力，持续力是从短期到长期的坚持，进化力则包括周期力和整合力。这些能力不是瞬间形成的，需要通过实践来培养。

趁年轻，
热爱吧

我们的
干活哲学

每天上班我都在想

三个哲学问题

我是谁

我从哪里（辞职）来

我要（辞职）到哪里去

> 第一章
> 专事之爱

对于职场养生哲学的提问，我笑答："哪有啥养生，而是要会干活，能干活。干活就是释放，就是生活。"一位企业家朋友也曾以"干活干活越干越活，养老养老越养越老"概括我们的共识。

这或许就是60后、70后的奋斗哲学：干活成为人生路径，因为唯有干活能靠自己努力。这样的时代塑造出这样的人群，大家齐心协力，成就了改革开放的辉煌。作为转折代人群，我们受益于改革开放的外部支持，也认同干活的价值，但反对过度的利己主义。

然而，我们也需要警惕自己的干活哲学是否成了压制新一代的借口。不同时代塑造不同的人，干活的方式、目的和成效衡量都在变化。因此，我们需要尊重新一代的思维逻辑，给人空间，才能更好地与他们协调，激发其热情与积极性，凝聚出我们的最大公约数。

趁年轻，
热爱吧

不能勇于前沿，
就只能落于后沿

以前爹妈教育我

宁做鸡头不做凤尾

所以我现在出来买鸡爪

第一章
专事之爱

年轻一代的学习应勇于与新质生产力同步,因为在前沿领域,没有既定的规矩和权威指导,这为探索、学习和投入提供了超越的机会。对于缺乏探索精神的同学,则应在传统领域如消费品服务升级、工艺优化、农产品无害化种植等方面深耕细作。生活中消费单品和农副产品优化的空间巨大,亟待我们解决。若前沿无勇士,后沿缺耐心,则前无良才后无优品,仅凭投机之心难有收获。

遗憾的是,个别年轻人既不愿挑战前沿知识,又轻视后沿事物,进退失据。他们空闲时沉迷玩乐,面临抉择时依赖传统权威,如盲目听从家长或老师,而这些权威往往基于安全稳妥或教育大纲,对趋势、风险及职业爱好的重要性所知较少。因此,我们既看到游戏、抖音和自媒体的喧嚣,又感受到对前沿技术新知的无知与无奈。大学生为就业忧虑,新兴产业为人才短缺困扰,而教育体制正在逐渐跳出传统模式,以培养社会需要的人才。

阅读心得

通过阅读,我的收获和启示:

第二章

美物之爱

趁年轻，热爱吧

以物彰情 情几何

> 朋友炫耀新买的跑车
> 我淡淡一笑
> 我也有同款——手机壁纸

第二章
美物之爱

在老妈晚年,我每年回家都会给她一笔钱,她不太用于自己身上,但会用于给小辈的见面礼或补贴子女,离世时还留下了不少积蓄。

人生路上,多数人并非出身富裕,因此对金钱敏感且期待保障。社会上也有一些人将金钱视为成功标志。我曾渴望多挣钱,但从未将富豪梦作为人生理想。我消费中规中矩,不依赖品牌和价格彰显身份。即便资金有限,对父母和大家庭的支持、做公益也从不打折。

有钱时,对家人和亲密者的需求不应吝啬,这是提升生活品质的动力。财务自由意味着必要开销不犹豫,但应避免浪费。干净挣来的钱需尊重,浪费即不尊重。经营所得是个人所有,不应被亲友随意使用,每个人都应自食其力。来自他人的分享,即便是最亲密的人,也应视为有限的心意,不能改变个人成长轨迹。但有个例外,为家人和亲密者的创造性探索和尝试可以特别投入,这虽非严格意义上的投资,却比消费更有建设性。

趁年轻,热爱吧

别人家的
好东西

别人的东西总是很好用
例如我拿我爸的剃须刀去削土豆皮
虽然被骂了

第二章
美物之爱

在耶鲁大学访问期间,我拜访了纽约的一位投资家朋友,其家中大宅的奢华与精致让我惊艳,与之形成鲜明对比的是北京大学龚祥瑞教授家那简单却充满温情的两居室,龚教授对学问的热爱与夫人的热情待客让人倍感温暖。我理想中的生活空间,是兼具惊艳与温暖,既有品质感又不失人情味。

到了朋友家,看厨房是我的必修课,也是我关注的生活品质核心部分。回想起耶鲁大学的世界学者项目,初到牛津公寓时,冰箱里的满满食物也让我倍感惊喜,只是据说这样的待遇现在已经取消了。

我曾见识过同事家的别墅院子,好友在郊外的小农庄,洛杉矶整理过的家居游泳池,以及巴西那空旷自然的农场环境。在我看来,空间是个人人格的外化,我渴望拥有舒适随意的空间,也向往田园牧歌式的庄园生活,只是这些或许需要在不同的地点去实现。我心中最美好的生活安排,便是拥有多样化的生活空间,加上美食的陪伴,以及山水树林的自然环绕。

趁年轻，热爱吧

你可以宠
一块石头啊

爸爸：现在流行宠石头

孩子：哼，宠一块石头都不宠我

我连石头都不如

第二章
美物之爱

在神农架，我寻觅到三块形态各异的鹅卵石，计划将它们装扮成我的首批宠物石，赋予它们名字、形象与风格。这些石头，作为大江大河中的幸存者，象征着坚强与不屈，成为宠物石颇有意义。

据说国外宠物石的爱好起源于20世纪70年代，由广告人加里达尔率先倡导，随后在全球范围内逐渐增多。它们尤其适合那些连仙人掌都无法养活的人，或是害怕宠物生离死别、寻求无条件顺从的朋友。如今，在电商平台，人们可以轻松购买到宠物石及养护指南，或亲自在野外寻找，体验不同的乐趣。

国外，尤其是韩国，宠石爱好者已形成独特的社交圈。相较于收藏名贵物品的爱好者，宠石以其平实草根的特性显得独特，它不在于石头的价值，而在于人与石头之间建立的情感联系。我对那些能从宠石中宠出学问、名堂和深厚感情的朋友充满好奇，渴望结识他们，为自己的宠石之旅增添动力。

趁年轻，
热爱吧

手工正成为
奢侈的象征

听说手工越来越值钱
因此今天我带了尺子
画了一个工工整整的 Excel
可老板怎么反而要扣我工资

第二章 美物之爱

许多国际大牌常以手工作为卖点，但这对于出身普通劳动家庭的人来说，或许并不具备太大吸引力。因为手工与劳动是他们成长的背景，也是生活必需品的来源。然而，国际大牌所强调的手工，特指那些由专门、传承、精湛、懂行的匠师，或是在他们指导下的专业工匠所完成的作品。这些手工制品因数量有限、生产过程独特、融入个人手法，并结合专门设计，形成了高价值。

奢侈往往源于稀少。以往，手工菜是家常便饭，但随着外卖、预制菜、小时工做菜和即食餐馆菜的普及，自己做菜似乎变得既没必要，成本也不低。人们越来越倾向于将更多事情交给专业机构或人群处理，而这些专业人群则利用机器、技术和生产线快速产出性价比高的产品和服务。这导致手工制品越来越少，甚至一度非手工才代表品质、品位和生活层次。然而，随着这类产品和服务的普遍化，人们开始重新寻找具有个性和特定价值感的手工制品。

当手工逐渐淡出日常生活时，它的价值便愈发凸显。拥有手工制品显得独特，有人愿意为你制作手工制品更显真心。因此，在将来选择伴侣、结交朋友甚至与人交往中，愿意亲手为你制作手工品或许是个加分项。

趁年轻，
热爱吧

环游世界的
几个窍门

环游世界后才发现
所谓的文化差异是
有的地方小费给10%，有的给20%
而不变的是
我的钱包永远告急

第二章
美物之爱

① 征集有环游梦想和出游经验的环友同行，因为他们将构成群策群力一起游好的关键。

② 要求环友网络分享直播，这不仅扩大了影响力，还促使大家更加自觉地收集和总结素材，提高了拍摄技巧和表现力。

③ 提倡晨跑浏览，将锻炼与城市概览结合，欣赏到别样的城市风貌。

④ 避开网红餐厅，选择地道本地餐厅，尝试新奇食物，共享美食体验。

⑤ 为了深入挖掘每个国家和地区的特色，选择乡村、贫民窟、大学、企业或博物馆等地点，避免走马观花，有本地朋友陪同更佳。

⑥ 除游览外，我们还安排了行车、晚场、吃饭时间点的游戏互动活动，增加乐趣。

⑦ 环友带队者需具备全局观和协调性，善于沟通交流，对路线、历史、知识有一定了解。

⑧ 行程中实行 AA 制与特定场合自愿请客制，并设立互动、互助、共享活动贡献奖，鼓励大家积极参与。

趁年轻，
热爱吧

长假热潮中的
别样玩法

- 假期里我可以规划好每一天的排期计划
- 以及提前做好预算
- 事后复盘
- 优化下一个假期
- 形成了完美闭环

第二章
美物之爱

    长假期间可以提前一两天出发，时间紧的则提前回程，以避免人流高峰。时间宽裕者最好提前预订住宿、租车和餐饮，而时间紧迫者则可选择自带餐食或前往有本地朋友的目的地，这样既能享受旅行，又能减轻负担。

    避免前往网红景点，相反，可以选择前往农庄、乡村大宅、小镇或小县等地方，享受宁静和本地文化。这样不仅能避开人群，还能更深入地体验当地生活。

    考虑到中国节假日与国外错开，出境游也是一个不错的选择。但需注意提前订票、预约和做攻略，与会玩的朋友同行更佳。选择的国家不一定热门，异域文化同样值得体验。

    不出门也是一种选择。节假日期间，邀请久未联系的朋友来家中聚会，每天安排本地活动。这样不仅能巩固原有情谊，还能为下一代提供社交机会。若多人聚会时家中床铺不足，也不一定要住宾馆，或许可自带睡袋、打地铺甚至挤一张床，这也是一种别样的乐趣。

趁年轻，热爱吧

读书要
读出圈

读书就得读出圈
但不是上语文课时候看漫画

第二章 美物之爱

　　读书具有强大的移情作用，能激发我们的想象力。读书不应局限于经典和教条，而应视为一次探索未知、接受新知刺激的过程。如同饮食需多元化以获取全面营养，读书也应广泛涉猎，涉猎不同领域、不同风格的书籍。碎片化阅读同样有价值，这些碎片信息能在我们脑海中重组和发酵，激发创新理念，避免受书本限制。

　　我鼓励大家分享书籍，每次准备一些自己觉得有意思的书赠予他人，这样既能扩充自己的阅读兴趣和范围，也能促进知识的传播。我自己也常将读书所得写成文字，无论是思想汇报、博客文章，还是分享讲座、学科课程，都成了我的读书笔记和思考延伸。我认为这种阅读与写作相互促进的循环方式，是知识分子应有的行为模式之一。

　　在人生旅途中，我们不仅能阅读众多书籍，还能通过写作留下自己的痕迹，传承知识。无论他人是否喜欢读自己的书，读写互动都能让我们有感而发，更有自知之明，是一种借助读书、写书来反省和建设人生的好方式。

阅读心得

通过阅读,我的收获和启示:

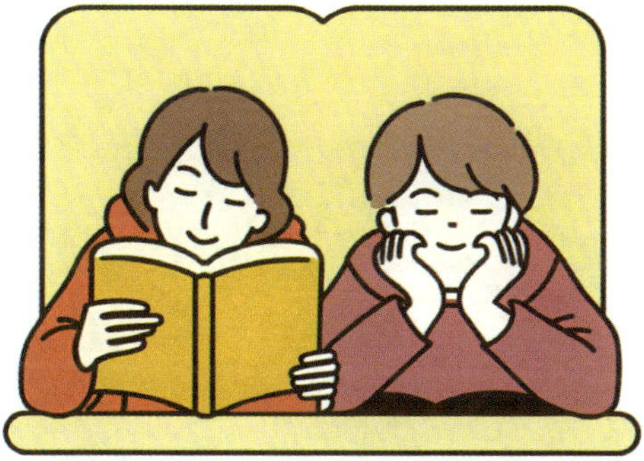

趁年轻，热爱吧

读点闲书
也不错

书不在多

而在乎用

例如在相亲时用莎士比亚的情话

打动对方的小心肝

第二章 美物之爱

　　读书，尤其是非功能性的阅读，能够为我们带来意想不到的收获。我们的生活方式和专业背景常常限制我们的视野，非功用性的阅读让我们有机会跨越自己的专业边界，接触并理解那些原本陌生的领域和知识。

　　好奇心是驱动非功用性阅读的重要动力。当我们被某个问题或现象吸引，想要深入了解其背后的原因和逻辑时，我们就会主动去寻找相关的书籍和资料。此外，非功用性的阅读还能激发我们的想象力。当我们接触到不同领域的知识和思想时，我们的思维就会变得更加灵活和开放。我们会开始尝试将不同领域的知识进行融合和创新，从而产生出全新的想法和解决方案。这种跨界融合的能力，正是当今时代最宝贵的财富之一。

　　因此，我们应该鼓励自己多读一些非功用性的书籍，不要仅仅局限于自己的专业领域或兴趣爱好，而是要勇于尝试和探索那些未知的世界。只有这样，我们才能真正做到"多读书，读好书"，让自己的生命因为阅读而变得更加丰富多彩。

趁年轻，
热爱吧

阅读真的还有必要吗

当代人刷短视频像嗑彩虹糖
文字阅读才是健胃消食片

第二章
美物之爱

　　阅读旨在获取与传递知识，于特定年龄段能拓展间接知识，结合讲解、搜索等可提升获取新知的效率，有一定价值。然而如今有些书籍知识含量有限，很难突破认知障碍、激发读者新知兴趣，部分鸡汤励志、商业、修行心得类书阅读价值有限，科普与专业科学书籍对读者知识增量较有价值。若通过游戏、搜索等趣味性和互动性更强的方式获取信息，作为阅读的补充，更佳。但这些方式的效率和准确性上优势不突出。

　　书本阅读具系统性和逻辑性，但由于成书周期较长，可能导致知识老化。不同人理解差距大。在充斥快餐类书籍的市场，盲目迷信阅读危害不少。人类知识中，体系化的部分机器可学，而人类学习的重点正逐渐转向未知领域。现有的学习、写作和思维方式在前沿领域贡献有限，过度阅读容易使人固守原有的逻辑框架，阻碍接受新的探知方式。阅读可作为基础阶段启蒙和构建知识架构的方式，但对年轻一代来说，它仅是知识获取众多途径之一，在数字化的新领域中，阅读并非进步的必要和充分条件。

　　个人喜爱阅读，也不排斥其他新知的获取方式。我们应尊重个人的阅读选择，同时接纳阅读之外的新方式。如今阅读外的知识获取与传播形态已成为很多年轻人的选择，图书馆等空间日益衰退，人口阅读量逐渐降低，阅读仅是部分群体的志愿选项。

趁年轻，热爱吧

读书多
一定很好吗

书真的非常非常有用
它起码还可以盖泡面

方便面

第二章 美物之爱

　　读书多一定很好吗？不一定。书籍世界犹如浩瀚海洋，既有璀璨明珠，也有泥沙俱下。历史小说、国别史等佳作能开阔视野，启迪智慧，而某些拼凑之作、热点追逐者则可能误导读者，散布极端言论，令人心智受损。

　　阅读的价值在于拓展间接经验，系统认知事物，接触多元视角，甚至激发创新思维，提升个人认知层次。然而，过度沉迷阅读却忽视行动，可能导致逃避现实，加剧认知偏差。执着于某一类书籍，还易受旧论束缚，陷入保守。

　　真正享受阅读，应源自内心的向往与乐趣。读书不仅是为了获取知识，更是为了乐在其中，学以致用，期待后续的探索。因此，我们应主动寻找、下载、购买甚至借阅书籍，让知识流动起来。然而，拥有众多书籍并不意味着热爱阅读。静态藏书远不如动态阅读，通过分享、推荐，激发更多人的阅读兴趣，才是更佳选择。

趁年轻，
热爱吧

提升美食敏感度，
让生活绽放

"又吃大餐？"
人一辈子如以八十余岁算
也就是三万多天
吃六万多顿正餐
吃一顿少一顿

第二章 美物之爱

　　谈及深圳，陈鹏鹏鹅肉便跃然心头，那肥美透亮的鹅肉与鹅汁，仿佛浓缩了这座城市的活力与滋味。福州以佛跳墙闻名，虽市面上多有包装版，但鲜有能及当年之味。不过，福州一家客家小厨的白灼活肉，却让我意外惊喜，鲜美异常，不负我深夜探访之心。

　　人生若以八九十载计，不过三万多天，六万多顿正餐，每餐都值得珍视。记得与同事赴合肥，几经寻觅，终在一家展示盐水鹅与老公鸡生活照的餐厅停下脚步，其美味令人赞叹。同样，上海青浦的农家乐，白切活杀土鸡蘸农家酱汁，鸡香扑鼻，至今难忘。武汉黎黄陂路的美食院子里，福楼小餐馆的砂锅黄骨鱼与回锅肉，总能让人食欲大开。而所谓苍蝇馆子，往往藏着最地道的美味。即便在长沙，朋友带我们去的一间老房子小餐厅，其土菜亦是难以忘怀。

　　自己动手，亦能享受私房菜的乐趣。望着个别依赖外卖度日的年轻人，我不禁想问，为何不愿为自己动手做几份独特的吃食？大好食材，岂能浪费？珍惜胃口，珍惜资源，从一顿好饭开始，善待自己。

趁年轻，
热爱吧

好吃、爱做饭
和开餐厅的三重境界

我很爱吃

别人问我为什么不开个餐厅

我……内心小声嘀咕

难道你爱睡觉还要开个酒店吗

第二章
美物之爱

  我有好吃的朋友,他们对美食的追求近乎痴迷,不惜跋山涉水,推开重要活动,只为品尝美食。与不好吃的人相处,好吃的人会发疯,因他们的美食热情常被视为废话。

  做菜这一爱好,源于对食材、佐料的热情,享受过程,爱吃自己做出的口味。有人爱简单做菜,有人爱创新,有人讲究每一要素。但做菜与开餐厅不同,喜欢喝牛奶不必养奶牛,喜欢喝酒不必开酒厂。常有人劝爱美食者开餐厅,但这并非易事。开餐厅需考虑位置、顾客喜好、菜式持久性、客流管理、厨师与服务质量管理等,与个人好吃或爱做菜关系不大。你喜欢吃的未必是顾客喜欢的,顾客口味各异,难以保证都满意。运营餐厅耗费精力,可能让你失去吃饭胃口。找专业人员运营,厨师也可能不认可你的烹调方法。开餐厅易,关门也易,需谨慎。

  爱做菜是可爱而有爱的行为,能琢磨心爱之人的口味并不断创新更可贵,但开餐厅的念头需谨慎。

趁年轻，
热爱吧

你多久没吃过
地道的杂烩了

我最爱吃大杂烩
因为我点菜时有选择困难症

第二章 美物之爱

某次在餐厅用餐后，我将剩余的红烧肉打包回家，决定做一道杂烩菜。我泡了干香菇和粉丝，准备了白菜和小青菜，加入红烧肉和调料，烹煮一番，便成了一道美味的杂烩。这道简单的剩菜加工，让我吃得津津有味。

人生亦如此，平凡的日子里，只要我们稍用心思，就能发现许多乐趣。记得有次去同事家，晚餐时分，她家并无特别食材，但我用她家冰箱里的白菜、粉丝和剩红烧肉，做了一道杂烩菜，却让她和她老公赞不绝口。

杂烩菜其实就在我们的生活中。小时候，家里请客后，剩余的菜总会被巧妙地做成杂烩，有以红烧肉、肉丸等为核心的，也有以海鲜、鸡鸭等为核心的。杂烩并非简单乱炖，而是有主味菜，辅以相近的荤菜和蔬菜，再加入新鲜蔬菜佐味。杂烩的特殊味道，来自肉回锅后的口味变化，以及不同食材的创新组合。

虽然很多人不爱吃剩菜，但也有人热衷于琢磨剩菜如何做成杂烩。杂烩的精神，在于不同菜品的组合创新，不仅限于剩菜，新菜同样适用。杂烩门槛不高，青年朋友们不妨一试，分享自己的感受。在互联网时代，杂烩的创新精神更应被广泛传播。

阅读心得

通过阅读，我的收获和启示：

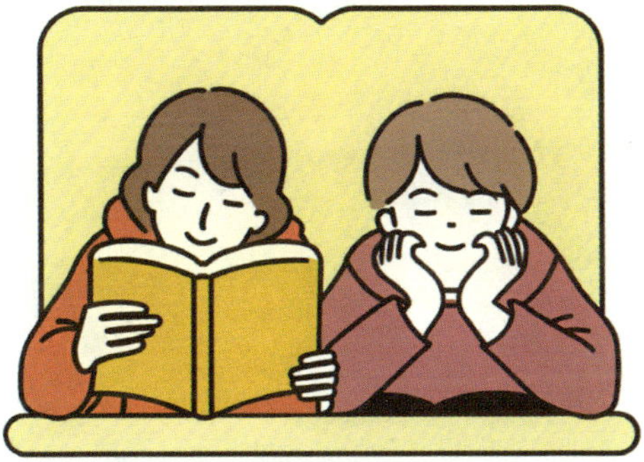

趁年轻，
热爱吧

南京烤鸭那才真好吃

南京烤鸭叉腰站起来对北京烤鸭说
来比一比呀

第二章 美物之爱

南京烤鸭，以其独特的悬挂烤制方式与微酸微甜的特制汤汁著称，讲究的是鸭子与汤汁的完美融合，为食客带来非凡的味觉体验。据说，北京烤鸭的历史可追溯至明朝皇室，但与南京烤鸭相比，两者在鸭子品种、是否加汤汁以及食用方式上均有所不同。

相较于广为人知的南京盐水鸭和板鸭，南京烤鸭显得较为低调。虽知名度不高，但未过度工业化，保留了原有的美味，深受食客喜爱，复购率高。

我作为南京烤鸭的忠实粉丝，每次到南京必尝之。尽管它在外地鲜为人知，甚至在本地也未得到广泛推广。然而，一旦品尝，外地游客无不为其美味所折服，对南京、对鸭子、对烤鸭的吃法有了全新的认识。

当然，南京烤鸭的品质也存在差异。选择优质的原料和品牌至关重要。此外，食用南京烤鸭也需注意技巧：趁热食用，尤其是冬季；蘸着特制的卤水，那是灵魂所在；选择瘦肉较多的水鸭，避免翅尖、脖子、鸭头等部位影响口感；搭配温热的黄酒更佳。

趁年轻，
热爱吧

我是
无鱼不欢的主儿

我吃鱼不喜欢挑刺
但我爸喜欢
甚至嫌不过瘾
还来挑我身上的刺

第二章 美物之爱

我是无鱼不欢的美食爱好者,尤其钟爱野生溪流鱼类,杭州卜家野鱼馆的太阳鱼、荷花鱼等便是我心中的美味佳肴。每到一地,我总爱寻找那些充满地方特色的鱼馆,无论是内陆的湖泊水库河鲜,还是海边的各式海鲜,我都乐于尝试。尤其喜欢将小海鲜与杂鱼一同烧煮,那味道简直令人陶醉。此外,我还对新鲜鱼泡情有独钟,视为美味中的极品。

对于日餐中的生鱼片,我有着天然的适应性,尤其钟爱那种手工拌入佐料的生鱼片吃法。在虾类方面,我偏爱河海交界处的青虾,醉青虾更是让我欲罢不能。太湖白虾虽好,但盐城的条虾更让我回味无穷。意大利地中海红虾也是我的心头好。至于小龙虾,我的兴趣虽不算浓厚,却远超对海里大龙虾的喜爱。

除了鱼虾,我对大闸蟹也情有独钟,尤其推崇太湖与固城湖的大闸蟹。而在海蟹中,广东中山的黄油蟹、阿拉斯加的帝王蟹以及纽约的蓝蟹更是让我心动不已。这些美食,不仅满足了我的味蕾,更让我的生活充满了乐趣与期待。

趁年轻，热爱吧

吃螃蟹，
懂螃蟹

老公：老婆你知道吗？
螃蟹成长时，要经历20次左右的换壳
老婆：你看，螃蟹都有20件衣服，而我却没有

第二章
美物之爱

金秋十月,是大闸蟹的黄金食用季。在武汉江岸的文创街区与同事聚餐时,我向他们介绍了软壳蟹。软壳蟹是螃蟹周期性换壳后,新壳尚未变硬时的状态。成蟹一生需经历约20次换壳才能长成,换壳虽面临被捕食的风险,但是它成长的必经之路,不换壳则无法继续壮大,而老壳也会成为它成长的阻碍。

多年来,我与合伙人常邀请创业者参加年度蟹王宴,我以螃蟹换壳的故事勉励他们勇于蜕变、直面挑战、持续成长。同样,我们的知识获取也应如此。不求新知则无法进步,不求甚解则无法实用,用而不变则可能被淘汰。创业者应如持续换壳的螃蟹,不断求新、巩固、超越,以培植新竞争力。家教与师教也应具备换壳蜕变的知识结构与开放心智,避免成为年轻人知识获取的老壳,而应成为他们换壳的鼓励者和助力者。只有这样,才能让自觉换壳、超越周期律成为新一代知识分子与职业人士的自觉行动,超越自然生物无法自选的规律。

趁年轻，
热爱吧

让点菜成为你的高光时刻

要抓住一个人的心
就得抓住他的胃
我要让老板离不开我

第二章 美物之爱

请客吃饭是一种社交活动,能否请好客、吃好饭,往往影响着个人的社交面和办事效率。因此,掌握点菜的艺术显得尤为重要。

首先,了解中国八大菜系的特色是第一步。在点菜前,不妨先询问宾客的口味偏好,再结合菜系特色进行选择。

其次,关注网络平台上的热门菜品也是一大技巧。这些热门菜品往往经过众多食客的验证,具有较高的口碑。

同时,别忘了关注本地特色菜品,它们承载着当地的文化和历史。适当选择一些不仅能展现地域情怀,还能让宾客品尝到地道的美食。

此外,点菜时还需注意荤素搭配和菜量控制。

最后,点酒也是不可忽视的一环。根据宾客的喜好和场合需求,选择合适的酒类能够为饭局增添不少氛围。

如果是吃西餐,掌握美式、意式、法式等西餐的基本特点,恰当的介绍,有助于展现出自己的品位和风度。

趁年轻，
热爱吧

每顿一个
好吃的菜

其实，我挺挑食的
专门挑好吃的吃

第二章
美物之爱

车行桐城至孔城老街途中,朋友提议寻找美食,我却自信凭直觉寻觅。在一片平凡院落前,"柴火土菜"的招牌吸引了我们。观察了店内切好的鸡块和后院养殖的鸡鹅后,我决定在此用餐。

老板娘端出食材,自信地介绍她家土鸡不添加味精鸡精。我亲自下厨,炒制鸡块时,坚持用热水代替冷水,以缩短烹饪时间并保持鸡肉鲜嫩。七八分钟后,一盘香气四溢的柴火鸡出炉,朋友品尝后赞不绝口。搭配店家特色的糙米饭,这顿饭成了我们的美味记忆,朋友甚至表示要带老婆再来品尝。

部分人群聚餐,菜肴虽然丰盛,却常常流于形式,忽视了菜肴背后的渊源与创新。许多大酒店、大餐厅虽菜品繁多,惊艳之作却较少,这反映出餐饮界在用心与创新方面的不足。相比之下,我更喜欢在朋友聚会、小餐厅或农家乐中发现独特的菜肴,这样的美食体验往往更加深刻难忘。

一顿精心准备的饭菜,足以定义一段美好的时光。若能每日拥有这样的一餐,便是人间天堂。在快速消费的今天,我们更应珍惜那些用心制作、充满创意的美食,它们让我们的味蕾与心灵得到真正的满足。

> 趁年轻，
> 热爱吧

管理晚餐的
一点意见

- 都说你吃什么就是什么
- 难怪我是个大饼脸
- "饼"吃多了

第二章 美物之爱

年轻人身体代谢旺盛且运动量充足，节食并非健康管理的必需。然而，随着年龄增长，采用轻断食策略，如一日两餐，特别是减少晚餐摄入，对体重和体脂管理效果显著。理想情况下，将两餐时间控制在八小时内，如早中餐或早晚餐，营养摄入通常足够，个人可根据体验调整补充营养。夜宵则应严格避免。

早餐与中餐应保证质量，而晚餐则需精选食材，减少高热量、高脂肪、高糖分的食品，如白酒、甜饮料、烧烤肉类等，同时增加蔬菜、豆制品、粗粮等低热量、高营养的食物。晚餐进食量应控制在午餐以下，成为三餐中量最少的一顿。

运动虽能提升代谢，但节食与运动的结合才是控制体重和减脂的最佳方式。对于大多数人而言，注重营养结构远比单纯追求饱腹感更重要。晚餐时，不妨多花时间研究如何利用有限食材制作美味健康的菜肴，或在现有选择中挑选更营养、安全、合口味的菜品和主食。提升进食质量，而非数量，方能更好地维护健康。

阅读心得

通过阅读，我的收获和启示：

第三章
挚友之爱

趁年轻,
热爱吧

人生中
友爱的斤两

好朋友陪你疯陪你闹

问题是

还陪你一起发胖

第三章
挚友之爱

2016年,我创建了"铁袁圈"微信群,汇聚了约370位朋友,涵盖老同学、创业者、合作伙伴、师长及领导等五类人。友爱,我人生中最宝贵的财富,不受血缘限制,基于学缘、业缘等多种场景形成,具备起于偶然、互相欣赏、高度互动的特点。

友爱关系中,朋友间产生了情感联系与合作默契,共享信息、互相帮助、留意机会、资源协助。友爱的形成需要启动机制,还需要互动与长期维护机制,以确保各方能实现相对平衡或更大化受益。

友爱关系大多自发形成,采用耐心妥协、善意互动等自觉维护机制可使其更长久。友爱需稳固身份标签设定,否则可能随场景变化而变化。然而,友爱可推陈出新,在新场景中可结识新朋友,自觉交友技巧助力于启动与维护新关系。

友爱不限社会地位与能量,跨越社会层级与类型,将友爱视为长流,不断推陈出新,补充与输出能量,让我们成为更活跃、更有能量的个体。

趁年轻，热爱吧

朋友之用

朋友遍天下的秘诀：
对于社牛——各种朋友我都有
对于社恐——我拥有社牛朋友

第三章
挚友之爱

　　交友之道,在于理解与选择。临时交友,看似能解决眼前之急,实则效果难料。亲友有限,故需掌握自主交友之道。

　　我将朋友分为六类:编制内关系,如同学、战友、同事,这类友情基于共同经历,易于求助;业缘关系,如合作伙伴,因工作交流而生友情;网络友情,基于信息共享、兴趣共鸣等形成;帮助之情,源于特定帮助或支持;粉丝与类粉丝关系,因学习与认可而交友;乡缘形态,传统却有效,易引发共鸣。

　　交友之道在于平时培养交情,乐于助人,方能在未来得到帮助。交友非生意,不需计较,足够的投入通常换来足够的回报。社会关系为角色关系,扮演好角色,收获友情与欣赏。欣赏他人之长,宽待其短,是维持友情的核心。

　　友谊,是所有人际关系中最不应该被苛待的,也是最能滋养我们的职场与家庭关系的。

趁年轻，
热爱吧

高质量
人脉的特点

结交高质量人脉听起来很功利
但没办法
谁叫我的朋友刚好都是那么优秀
你们就是我最高质量的人脉

第三章
挚友之爱

现在很多人关心自己社会关系的质量，我认为这四个标准很重要，就是多样性、真实性、平衡性、交叉性，我们可以用这四个特性来检查自己所交往的社会关系。

第一个是多样性。人脉的多样性不仅体现在数量上，更在于职业分布和认识途径的广泛。拥有来自不同领域、通过不同方式结识的朋友，能够为我们提供更丰富的信息和资源，拓宽视野。

第二个是真实性。真正的高质量人脉建立在相互信任和理解的基础上，通过长期的情感交流和共同经历来维护。这种真实性的维护并非一朝一夕之功，而是需要在日常生活中不断投入时间和精力。

第三个是平衡性。在社交中，纯粹的主动或被动都不利于人脉关系的健康发展，需要学会在拓展人脉的同时，也给予他人回应和关注，保持人际关系的平衡。

第四个是交叉性。这是与多人交往的能力以及资源的整合能力，是衡量人脉交叉性的重要标准。通过与不同人的交往，我们可以实现信息和资源的共享，进而提升自己的社会资本。

趁年轻，
热爱吧

陌生人转化为好朋友

> 好奇怪
> 小时候老师教我
> 不要跟陌生人讲话
> 长大后人们叫我
> 要多跟陌生人讲话

第三章
挚友之爱

许多人常抱怨社交关系匮乏,却不愿尝试通过活动结识新朋友,往往因社交恐惧而止步社交。然而,无论是同学、室友,最初皆为陌生人,关键在于如何把握机缘发现新朋友。

人们在寻找朋友的时候,以下几点往往起到关键作用:一是身份具有某种关联性;二是有某种自然的共同话题;三是有某些可以共同谈及的朋友。如果有了这几样背景,陌生人转化成熟人的可能性就非常大了。

将陌生转变成熟悉,其实需要的是一个铺垫,这个铺垫的前提是你做了适当的准备。我们也不需要把所有陌生人变成熟人,更不需要把所有人变成好朋友。毕竟多不等于好,朋友也需要维护的成本与付出交情。大胆地去与陌生人交往吧!

趁年轻,
热爱吧

交朋友的小技巧

读书时
别人是去上学的
我是去交朋友的

毕业后
别人是去上班的
我是去带薪交友的

第三章
挚友之爱

① 聊天时谈及长远话题，不仅限于日常琐事，展现对未来的思考，能增加他人与你建立深层次关系的意愿。
② 不妨交往一些当前看似无用的人，这些关系在未来可能成为重要的社会支撑。若只追求功利交往，则显得狭隘。
③ 注意社交的差异性。有意识地接触不同领域的人，通过相关活动拓展社交圈。
④ 避免轻易承诺，一旦承诺了就需全力争取确保 100% 实现。
⑤ 保持开放心态，接触未知或不喜欢的知识与人，有助于保持思维活跃，避免偏执。
⑥ 无事时联络老朋友，情感投资在于平时积累，而非用时才求。
⑦ 做些力所能及却显真心关怀的事情。
⑧ 多组织聚会可以把社交关系扩大很多倍。
⑨ 注重个人形象，初次见面尤为重要，良好的形象能吸引对方，并留下正面印象。
⑩ 携带并使用名片，它是初次见面后沟通的重要桥梁，亲手写下联系方式更显尊重。
⑪ 与朋友共同参与公益活动，不仅帮助他人，还能加深友情，体验助人的乐趣，创造更多社会价值。

趁年轻，热爱吧

把朋友放在
我们哪个部位

朋友是我的嘴替
因为经常在我想喝奶茶之前
问我要不要拼个单

第三章
挚友之爱

交朋友，缘由多样，情感深浅亦异。部分朋友因功利而起，或因资源、能力方面相助，或因仗义相助，相处久了，因对方的直率、诚恳等人格魅力，情感上亦有所认同。友情不仅在于一时的互助，更在于长久的往来与回报，有用且认同，往往成为友情的自然缘起。

另有些朋友，则源于非功利性的联结，如亲缘、地缘、学缘等，或因欣赏对方的学识、能力，或因共同参与公益、志愿服务，或因网络上的吸引，进而相约见面，因兴趣相投或共同事项而延续交往。颜值、气质亦可能成为交友的初因，但能否长久，还需看是否愿意共度时光。相似之人易生亲切，交流契合，相熟则更具吸引力。

常性朋友之间无须刻意维护，自然来往，也不抱怨，不强求，也不涉利益纠葛，急难之时亦不推诿。他们尊重彼此想法，不猜忌。这样的友情，得来不易，故常性朋友往往稀少而珍贵。

好朋友，或为自己某部分的延伸，或为补足自身不足，而长性朋友，则常成为生活的重要组成部分。在人生转折关头，这些友情经受得住考验。好朋友或许无原则地站在自己一边，但正因如此，若自身行差踏错，好友亦可能随之误入歧途。故要做好自己，更需珍惜与维护那些经得起时间考验的友情。

阅读心得

通过阅读，我的收获和启示：

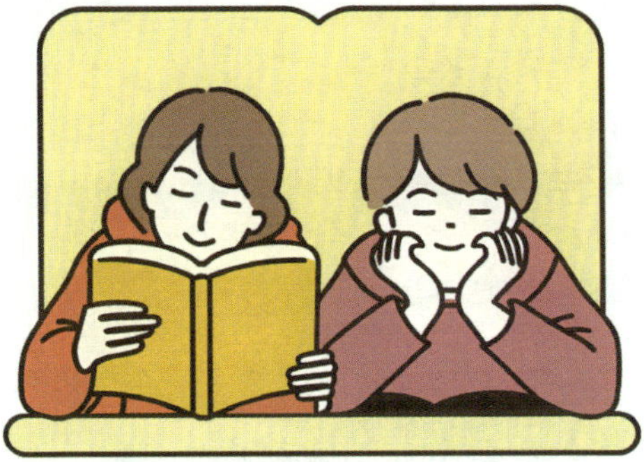

趁年轻,
热爱吧

别和玩世不恭的人做朋友

做朋友的第一要义是
如果你不想喝奶茶可以不和我拼单
但千万不要提醒我会胖

第三章 挚友之爱

　　这个世界充满了美好：四川小镇的小饭店美味遍地，全球的小海岛风光旖旎，城市美术馆总有琳琅满目的艺术品，街头巷尾藏着设计佳作，书店与书籍令人沉醉，视频中的幽默元素让人捧腹，游戏竞技也充满魅力。然而，有人面对这些美好却显得无动于衷。他们对待邀请吃饭的态度随意，对自然美景不感兴趣……这并非看破红尘或阅历深厚，而是缺乏热情和探索欲。他们或许知晓享受，却不愿给予他人温暖。

　　玩世不恭的态度，无论源于对世界的失望还是性格使然，都让人感到不适。有人以超脱自居，俯瞰周遭的"作"与"装"，却如同在和谐中添入不和谐，让人感到不舒服。与这样的人相处，或许初时觉得特别，但久了便难以维系友情，因为他们缺乏烟火气、随和与分寸感。

　　我们都喜欢那些懂得人情世故的人，他们知进退、懂分寸，给予人温暖与空间。太过清高或冷漠，只会让人敬而远之。在人际交往中，保持适度的热情与随和，才是长久之道。

> 趁年轻，热爱吧

让沟通方法助力正向关系

我的朋友是个音乐家
他专门为我弹奏了一首曲
问我听出旋律了没有
写的是：你欠我100块钱

第三章
挚友之爱

　　有效的沟通需遵循一定的方法论，尤其在亲密关系中更为重要。

　　首先，对事不对人。遇到冲突时，还原事情的具体情境，针对问题本身讨论，避免质疑动机与人品，避免扩大化评价，不将问题复杂化或关联到他人。这样有助于平心静气地找到解决方案。

　　其次，避免判断性表述。在日常生活中，我们常随意评判他人，但这样做易引发误解和冲突。论断虽不能断定真相，但会复杂化和激化问题，增加沟通障碍。当遇到他人评判自己时，也应保持克制，询问对方作出判断的依据和原因。

　　再者，从自身找问题。发生冲突时，先从自己身上找原因表达歉意或诚意，往往能创造良好的沟通氛围。一开始就指责对方，会激化矛盾。反之，让对方感受到善意与诚意，一些问题就不再成为问题了。

　　最后，自然的明契优于默契。讲明规则、约定事项、表达感受，用明契的方式可更好地保持生活、工作的质量，默契只是偶尔的调剂。

趁年轻，
热爱吧

生活里的
妥协之道

遇事不要正面刚

该弯就弯

第三章
挚友之爱

我们每个人都有自己的立场、观点和方法,这是由个性、知识、技能和生活习惯塑造的。明确的立场、观点和方法虽丰富了人文,但也可能引发矛盾和冲突。关键在于如何妥协和寻求共识。

妥协是拉近双方距离的过程,需要双方持续寻找各退一步的空间和理由,最终达成双方都能接受的结果。这包括了解双方的出发点和主张依据,明确核心利益,提出并考虑对方的主张,以及放弃一些自己不愿意放弃的东西。妥协是谈判的艺术,达成的协议往往位于双方差异主张的中间位置,体现了中庸之道。

妥协适用于个人生活、朋友关系、职业关系、生意合作关系和公共政策安排。在现代社会,人们的专业、行为和心理感受更加精细化和柔性化,妥协成为更加重要的处世之道。它体现了优雅的风度,乐于成全的品性,谋求双赢或多赢的格局,反对权威主义、单边主义等。

做一个聪明的妥协者是一辈子的学问。

趁年轻，
热爱吧

可贵的热情
是啥东西

- 当代年轻人的生存智慧
- 用佛系外壳伪装成无害生物
- 在兴趣领域开启变身模式

第三章
挚友之爱

在热情问题上,我们常常陷入矛盾:批评他人缺乏热情,自己却往往同样缺乏;期待他人展现热情,自己却少有积极表现。更令人担忧的是,我们在教育孩子时可能无意中培养了缺乏热情的下一代。当被问及热情是什么时,许多人可能无法回答。

热情是强烈的主观力量,它因人而异,有的广泛而持久,有的狭窄而短暂。浅度热情多与表面爱好相关,如颜值、包装等,基于偶然体验和长辈灌输的价值推崇,是自主选择和群体认同的基础。深度热情则在浅度热情基础上,通过选择性反复操练获得独特技能,并因此获得社会认同与成就感。专业热情需要资源投注,如时间、精力、财力等,它不会轻易被放弃,且具备明确的贡献承诺或交易谈判能力。可持续热情是高级别的深度热情,具备规划、调动资源、安排处置的能力,对事情变化有预判,对结果有承诺和设定能力。

我们应思考自己及周围人的热情程度,愿意成为热情的人。用热情感染和激励他人,成为用热情引领他人的人。

趁年轻，
热爱吧

衡量价值观的真实性
与甘愿吃亏

你知道吗

有些原则和价值观是即使吃点亏都要秉持的

例如，老板，请帮我走葱（不要放葱）

虽然少了点葱，我依旧给他5块钱

第三章 挚友之爱

　　生活中，常有人告诉我，有朋友走门路才是实在的。确实，有人能因此获得便利，但我也有自己的选择。

　　价值观，往往带有理想主义的色彩。在专业领域，我努力钻研，希望赢得别人的尊敬；在其他事情上，我遵循常人的规则，这样才有底气去主张正当规则。遇到不平事，我本着"无建设不批评"的原则，因为我未必能做得更好。没有得到特殊照顾，所以我对常人待遇更加心安。

　　从实际生活中我总结出，平常心做事最能稳定持续，也不会抱怨。专业努力赢得的尊敬，往往能带来幸运机遇。想着能帮助则帮助，不那么功利，往往会有更多收获。天下没有免费的午餐，占便宜太多可能也会欠债太多。做好自己的事情，也愿意帮助别人，生活会更美好。

趁年轻，
热爱吧

仗义的成本管理

有人问我，可以帮帮我吗

我会在脑海里回忆以往的所有交往

对方的所作所为

经由一系列算法运转后

我回答：NO

第三章 挚友之爱

仗义,即基于非个人责任逻辑去额外承担的责任,可在亲友、同事、战友、朋友乃至陌生人中展现。"仗义执言""见义勇为"等,皆是对陌生人的仗义;在亲友间大方周全,是应有的情义;对爱人、父母、兄弟、姐妹不计较仍施以帮助,则是恩慈有道。

然而,对利己主义者而言,仗义仅增添了额外成本,或许仅能博得受益人认可。若关系人对仗义的观念不一致,还可能产生内耗,甚至导致双方关系破裂。此外,若仗义中带有期待,期待落空时易转化为怨怼与失望,长期而言,仗义可能成为矛盾源头。

仗义是真情付出,彰显道德形象,但财务上可能是净付出。对宽裕者尚好,对窘迫者则可能帮助了别人为难了自己。

可见,仗义不应冲动而为,应在关键关系人中取得共识,限定应用范围,并对仗义相助后的必要后续做法给予书面固定,以减少衍生问题与成本。尤其在非急迫情况下,更应审慎考虑。

阅读心得

通过阅读，我的收获和启示：

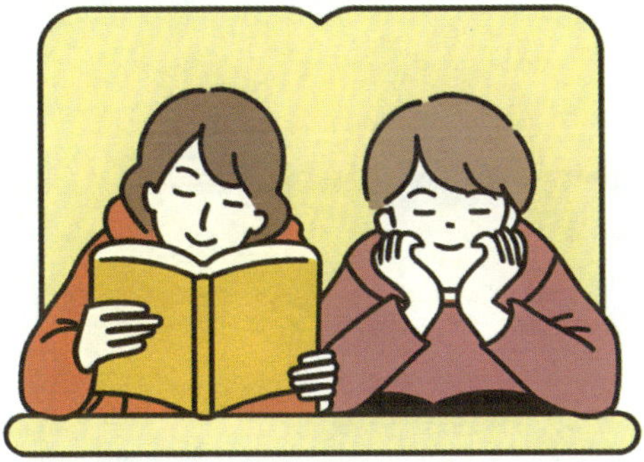

趁年轻，
热爱吧

但是的后面
常常挤满了借口

当别人夸我的时候
我都是"手刀逃跑"状
因为很快他们要说"但是"了

但是……

第三章
挚友之爱

爱说"但是"的人往往习惯不改变、不行动，以借口拒绝新事物与建议，这不仅错失机会，也失去了成长和他人的期待。在亲近关系中，金钱的态度反映了关系的深浅：不愿花钱可能意味着未将对方视为自己人，只花钱不陪伴则可能缺乏内在兴趣。真正的亲近，通常在于花钱的适度与平衡。

直男直女常因不懂"弯曲"而简化关系，把关系、利益、互动和情感简单化了，本质上就是任性，对周围人和对象特性的忽略。但"弯曲"可以帮助提升能量，"弯曲"也可以帮助缓释能量，世界上有了"弯曲"才有了蜿蜒的大江、迤逦而上的山道、绵延的高速公路和桥梁、优雅别致的礼仪，还有典故文章和包含了揣摩味道的浪漫与暧昧。

趁年轻，
热爱吧

一味对人好
不见得能收获感恩

A: 你要学会换位思考

B: 才不要，你有脚气

第三章
挚友之爱

    我有两位挚友,夫妻二人二十年来无论在美国还是来中国,总不忘给我买衣物、请我吃饭,我从未回请过。当我意识到这一点时,他们已鲜少来中国,我深感内疚。

    尽管我与他们的孩子之间常有往来,但交往方式并不平衡。一次,我与小辈吃饭,他竟问我是否可以报销。我反问他原因,他答因为我是长辈。我提孝敬长辈之理,他却说是我主动邀约的。这段对话揭示了"福利化"现象:对人太好,好意易被当作理所当然,而一旦取消这种好意,以往的获益者还会不满。

    人的社交来往需平衡,谁也不欠谁。在现实中,热心与冷漠、付出与获取、服务与款待并存,但受益者应有感谢的态度,不在于回报多少,至少要心中有数。只有这样,才能在社会关系中播下感恩的种子,礼尚往来,让善意和好心得到更正面的对待。

    换位是维系关系的重要工具。了解彼此最欣赏的特质,明确期望并转化为具体操作,有助于减少失望和误解。在换位过程中,需关注期望与现实之间的反差,转化为共同目标,以和谐关系创造共赢成果。

趁年轻，热爱吧

微妙时刻
"做个人吧"

我非常肯定

我是一个正常人

因为，人性的弱点在我身上

体现得淋漓尽致

第三章 挚友之爱

"麻烦"是亲密关系中的试金石。双方不嫌麻烦、不怕麻烦对方，将处理麻烦视为义务和担当，能增进彼此的依恋感和一体感。嫌麻烦则代表关系疏远。若想拉近关系，就巧妙地麻烦对方并欣赏其不怕麻烦的精神；若想保持距离，则减少麻烦以免欠人情。

爱钱是人之常情，关键在于如何表达。若能因爱钱而聚焦目标、全心投入并不断优化，形成专业、合法的赚钱模式，这种爱钱便是美德。反之，若只停留在欲望层面，缺乏努力和投入，则为人所不齿。

规律生活是健康的关键，尽管现代生活节奏快，但规律能保障营养、睡眠、工作和社交等多方面。然而，坚持规律生活需要强大的自律心，甚至需要他人的督促。能做到规律生活的人，要么是老神在在者，要么是超越同龄人的新神级人物。

趁年轻，热爱吧

那么就收获点
纯友谊吧

电梯里偶遇邻居
对方自我介绍：我叫XXX
我心想原来那个Wi-Fi名就是他
一不小心脱口而出
那你的Wi-Fi密码是多少

第三章
挚友之爱

生意人应铭记交易的本质在于价值互换。无价值时不必勉强交易,期待交易则需积极创造价值。

真实的自我与稳定的人格,往往显现于平和的心境之中,而非激情澎湃或仇恨厌恶之时。给自己留出静思与放空的时间,漫步野外,享受休闲时光,这些看似闲散的时刻,实则助我们找回本心,明确真正所求。

除了挚爱,也乐于与好友共享时光、美食、知识与美景,友谊虽非爱情,却常显其纯粹之美。

我心中的美好世界,是每至一处皆能唤起初遇之感,这种似曾相识的体验,让旅程充满独特韵味。

美食、阅读、旅行与分享,构成了我生活的四大乐趣,也是我探索新地、结识新友的动力。

人际交往中,功利目的无可厚非,但若能让人感受到超越功利的真诚与吸引力,人们的交往便更添深意。

趁年轻，
热爱吧

安全社交能人
成长法

当两个i人在一起
肯定有一个不得不变为e人
以此类推，没有最i只有更i
最后全世界只有一个顶级i人
其他都是e人

第三章
挚友之爱

　　社交中的从容与能力，根植于对社交场景的理解、过往交往形成的习惯与技巧、人脉网络的熟悉度，以及利用社会关系获取资源的经验与价值认同。简而言之，社交能力是实践积累的结果，唯有通过社交实践，辅以复盘总结，方能实现能力的持续提升。

　　从成长视角看，幼年和少年时应多参与小群体活动，如班级、学校、社区的志愿活动，通过知识分享增进与周围人的联系，玩具、游戏、故事的分享尤为关键。中学阶段，应增加服务体验，如参与摊档、餐厅、超市的工作，或加入校园社团，重点在于积累服务他人的经验。大学时，则需多元实习，参与社会性志愿活动和公益服务，积累团队公益、团队创立等方面的经验。

　　家长、学校、社会成长服务组织应树立社交标杆，予以表彰与倡导。鼓励小朋友在服务中社交，由服务组织提供社交安全保障。家长和教师需将鼓励孩子社交视为成长要务，创新陪伴和支持方式，避免过度保护。在相对安全的环境中，将社交视为常规与必修事项，常加练习，一个人的社交能力自然能全面提升。

趁年轻，
热爱吧

网络铁粉
和非铁粉的关系

忙碌了一天的小郭说：
哎，今天还没空搭理我的粉丝们呢
只见她掏出了手机
郑重其事地发了她那粉丝数为 20 的微博

第三章
挚友之爱

在这个网络时代,几乎每个人都有粉丝,然而,真正的"铁粉"并不多见,他们愿意购买你推荐的商品,即使商品并非其必需,他们觉得购买行为本身就是忠心的表现。相比之下,非铁粉虽然关注你,但可能并不会购买你的商品,也不会积极参与互动。

知识分享形成的粉丝往往具有非铁粉的特点。这是因为知识分享旨在提供认知素材、鼓励挑战与反思,使人们更加理性。我作为知识分享者,拥有超千万粉丝,他们喜欢我的菜谱、游记和知识分享。我感谢他们的关注,但对他们购买商品或转发帖并无期待。我们的价值在于分享知识,而非追求铁粉的数量。

阅读心得

通过阅读,我的收获和启示:

_____

_____

_____

_____

_____

_____

_____

第四章
情性之爱

趁年轻，
热爱吧

只想
与性情中人相爱

只想与性情中人相爱
因为爱得热烈，吵得干脆
但拥抱后问题总能解决

第四章
情性之爱

在理想主义者眼中，爱情是情感与灵魂的交融，需乐观主义的调和才能持久。我向往与性情中人同行，共享纯粹情感，不计得失，唯有付出。

性情中人直率坦诚，不隐藏内心。在爱里，我们彼此包容，因爱而忍耐与恩慈，不嫉妒、不张狂、不背叛。我们换位思考，控制情绪，坚守真理与道德的界限。

性情中人争吵虽直接，却胜过冷战。争吵如疾风暴雨，去得快，只要双方有了解和道义，争吵后仍能和好。选择伴侣需谨慎，避免与长期自卑或自虐的人纠缠，以免不自觉地受伤害。

乐观让我们从容面对可能的失去，而偶尔的悲观情绪则能促使我们做出正确决断。愿我们都能找到性情相投的伴侣，共度人生风雨，享受爱情的甜蜜与美好。

趁年轻，
热爱吧

话题维护
是谈恋爱的关键

- 恋爱大师说
- 热恋期话题不能断
- 因此，我昨晚特意通宵
- 定闹钟每半小时发一个话题
- 结果第二天，她把我拉黑了

第四章
情性之爱

恋爱初期，男女总有说不尽的话题；但随着时间的推移，对话变得简单，互动减少。这背后既有情感的自然变化，也反映了双方沟通方法的不足之处。

恋爱的核心在于"谈"。维护话题的方法包括：保持好奇心，追问细节；耐心倾听，不打断；留出时间征询对方意见；商定说话顺序，给予平等时间；避免人格攻击。适当装傻吃亏，将严肃话题轻松化，从失望中谈出希望，能缓解紧张气氛。当冲突即将爆发时，插入娱乐节目可为双方提供转圜余地。

恋爱双方不仅要积极展现自己擅长的话题，也要欣赏对方在擅长话题上的努力。差异提供了交流的可能，擅长者应给予知识支持和肯定，共同创造更多话题点。只要还有恋爱的意愿，好好谈，才能谈好恋爱。

趁年轻，
热爱吧

爱情密码
我不熟

朋友说知识改变命运，
我把微信名改成了知书达礼
至今单身
好像的确改变了我的命运

第四章
情性之爱

在爱情的世界里，每个人都是自我情感的解码者，用独特的逻辑与表达方式去爱与被爱。而今，互联网时代已让过去的含蓄与猜测渐行渐远，直接的表白、明确的对话和清晰的契约，成为现代爱情的明码。坦诚相待，方能避免猜忌与误解，才能携手共进。

谈及爱情匹配，我更看重人格、条件与合作意愿的契合，而非星座、生肖的束缚。爱情是发现彼此间的难得匹配，而非命中注定的缘分。恋爱追求理想，婚姻则考量现实，两者间的平衡才是真实的人性体现。

性格不合是爱情悲剧的根源，但往往掩盖了更深层的伤害。有人追求精神恋爱却不愿放弃现实婚姻，有人在纯情破灭后选择看似不相配的伴侣。其实，明确爱情中理想与现实的比例，从一开始就寻找合适的平衡，或许能避免走向极端。

爱情，不仅仅是说说而已，更需要行动与坚持。在这个快节奏的时代，多想、多做、多坚持，让爱情在思考与实践中绽放光彩。

趁年轻，
热爱吧

办公室恋情
利弊轻重

我不喜欢办公室恋情
因为白天让我改设计
晚上他让我改臭毛病

第四章
情性之爱

在快节奏的现代职场中，办公室恋情屡见不鲜。单身员工间的恋情，有的单位甚至持鼓励态度，认为这有助于稳定员工队伍。然而，个人认为办公室恋情的利弊需仔细权衡。

一方面，它能为员工提供情感支持，增强团队凝聚力。另一方面，恋情公开后，同事关系可能变得复杂，考评和资源分配时易引发争议。此外，办公室恋情还可能衍生出以权徇私、权色交易、性骚扰等问题，损害组织形象和员工权益。

若恋情未能成功，双方在同一单位后续工作将变得尴尬。因此，一旦发生办公室恋情，无论结果如何，最好有一方选择离开，避免事态复杂化。

对于组织而言，制定明确的有关办公室恋情的规范至关重要。这有助于员工在处理恋情时保持分寸，同时维护良好的工作氛围和秩序。职场是工作场所，明确规范既是对员工的保护，也是对组织管理的负责。

趁年轻，
热爱吧

在亲密的关系里做点啥

最美好的关系是
在你面前可以蹦着跳着
想到哪里说哪里

第四章 情性之爱

在亲密关系中，动手做事是情感表达的切实方式。无论是陪伴购物、烹饪美食，还是赠送小礼物，这些细微举动都能让一方感受到另一方的关心，增进彼此的情感交流。共同参与则能加深彼此的感受。

认真倾听在亲密关系中尤为重要。耐心倾听并给予对方充分表达的空间，理解其重点并适时表达认同，是增进理解的关键。在气氛轻松时，表达希望对方也重视倾听自己的意见，有助于双方更好地沟通。

争吵在亲密关系中难以避免，但处理得当能成为增进了解的契机。建立争吵解决机制至关重要，如以一方意见为准、采用游戏方式决定或设定替代冷战的惩罚方式。提前设置缓解机制或处理方法，能有效稳固关系，避免极端互动。

在快节奏的现代生活中，我们不妨用行动传递爱意，用倾听增进理解，用智慧处理争吵，共同守护这份珍贵的情感。

趁年轻，
热爱吧

情感呈现中的
不对称规则

我和我老公非常互补

老公说：信用卡补不完，压根补不完

第四章
情性之爱

在情感的舞台上,我们常向往理想化的对称关系,即双方情感如天平般平衡。然而,现实中的情感往往呈现出不对称性,这才是其真实且有利的一面。这种不对称性可能表现为情感表达的差异、经济付出的不均或责任承担的失衡。尽管看似有瑕疵,但这些不对称现象实则可能是维系和强化情感的关键。

双方若能接纳这种不对称性,并珍视彼此的关系,它将化作情感的润滑剂。一方展现耐心与包容,另一方则在这种不对称性中找到舒适感。随着时间的推移,双方可能调整行为模式,以适应对方更感舒适的不对称性关系。一旦这种不对称性关系在心理与行为上形成稳定模式,它比对称性关系更为牢固。

在社会关系中,人际互动很少完全对称。接受不对称性的自然合理性,减少对抗与拒斥,我们便能更快地迈向和谐与幸福。在不对称性关系中,我们更好地表达爱,展现为爱调整的意愿与努力。无论是让对方多说、多做、多让,还是在资源上让对方多掌控,这些看似不对称的做法,实则正是爱与情感的深刻体现。接受并珍惜这种不对称性,双方的关系将更加稳固与和谐。

趁年轻,
热爱吧

恩义
及其意义

你待我有恩
所以我决定相报
今晚的家务,你全包了

第四章
情性之爱

在爱的世界里，我们常论及恩爱与仁爱，却少谈恩义。爱可爱之人易，爱不可爱之人难；施恩于人，更非易事。尤其在亲近关系中，面对对方的不完美，我们如何抉择？

追求美好乃人之常情，但现实往往不尽如人意。当亲近之人展现我们不喜爱的特质时，接纳而非摒弃，才是真考验。这需要气量与妥协，即恩义。面对不满，报复之心易生，但唯有恩义，方能彰显真爱。恩义并非泛爱众人，而是有对象的。对亲近之人讲恩义，是责任；对欲亲近之人讲恩义，是智慧；对普通人讲恩义，则是仁爱，是领袖气质。若恩义成习惯，计较个人得失便不再重要，胸怀公益，恩义便成自然。

人生若仅有爱与情，固然美好，却难持久。恩义，是兼容并蓄的桥梁，让爱与情得以长存。对可爱之人微笑易，对可气之人亦能微笑，方显修为；顺境时情爱相挺难得，逆境时播种恩义，更是修为。在团队、家庭、婚姻、友情中，恩义含量决定了相处的深度与持久度。恩义，是爱的深层维度，它让我们在爱的旅途中，更加坚韧，也让我们的心胸更加宽广。

阅读心得

通过阅读，我的收获和启示：

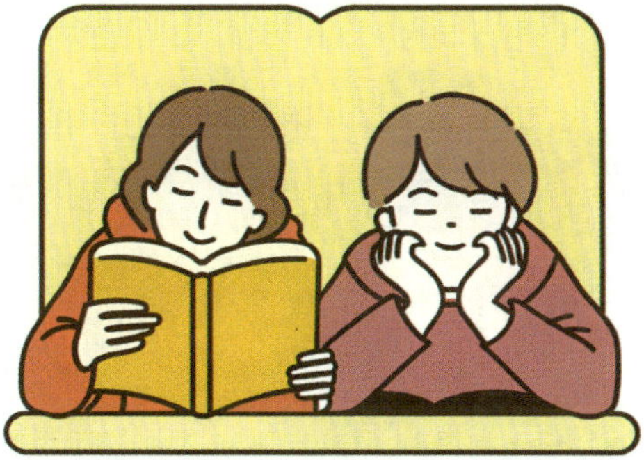

趁年轻，热爱吧

那位怒了，
你要不要哄啊

别和我讲那么多大道理
吵架时只须谨记"我错了"

第四章
情性之爱

在男女之情中,哄不仅是技巧,更是爱的表达,对维系感情至关重要。哄,展现胸襟、耐心、诚意与爱意,不分婚前婚后。

哄,是多维度的修炼。首要在于耐心倾听,给予对方充分表达的空间,这是理解的前提。适时道歉,真诚且着眼于对方优点,而非指责,能缓和紧张。幽默与趣味也是良策,讲故事、逗乐等,能有效缓和气氛。此外,礼物与惊喜,基于平日积累的信息,关键时刻送上心意,亦能增进情感。吵架时,适时止战,避免冷战,以递水果等小动作示好,邀请共同朋友调和,都是智慧之举。事后,主动担责,正式和解,巩固彼此心意。

哄,非单向行为。相哄,是表达相处诚意的关键,不断相哄,巩固心意与谅解。争执时,一方退让,尤其长期不愿退让者主动作为,效果更佳。相爱相哄,是夫妻婚姻美满的秘诀。

趁年轻，热爱吧

留意
相处禁区

女人说不要就是要

于是我踏入了她的禁区

于是

卒……

（全剧终）

第四章 情性之爱

　　在男女情感的微妙世界里，一些行为如同雷区，稍有不慎便可能引发冲突。

　　将现任与前任或异性朋友对比，显得不成熟且不尊重眼前人，只会让对方感到被贬低与被忽视。适度欣赏路过的帅哥、美女或许是人之常情，但无节制地目光游离或留下暧昧痕迹，会为双方关系埋下隐患。争吵后寻求异性安慰更是大忌，可能加剧双方矛盾。谈及家人好友时，耐心倾听与适度关心是关键，但轻易评论长短、过度欣赏或严厉批评可能引发误会。尊重对方亲友，就是尊重对方。查看社交账号，若双方同意，适度交换查看并无不可，但擅自检查或偷窥则是对对方隐私的不尊重，也是信任危机的体现。坦诚沟通与相互理解至关重要。

　　在爱的世界里，尊重、信任与理解是维系关系的基石。留意相处禁区，守护爱情边界，让关系更加和谐稳固。尊重彼此，守护信任，让爱情之花在理解与包容中绽放。

趁年轻，
热爱吧

相爱
才让彼此值得

体检时
我说我不能测心电图
因为我心里有个人

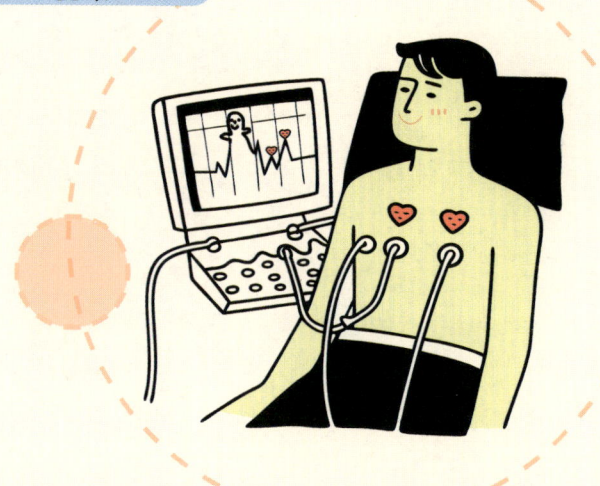

第四章
情性之爱

　　人际交往中，确定相爱关系前，交往常显不对称与脆弱。有人情投意合，但一些人在交往中发现难以弥合的差异，导致感情一厢情愿，奉献无效。此时，明确果断地脱离是必要的，真爱难以强求，勉强只会增加厌烦与内耗。

　　若幸而遇到真爱，应格外珍惜，当以"三信"相待：信息常通，如活水长流；信任互筑，似磐石不移；信心共持，若灯塔不灭。持续的三信，将形成稳固亲密的情感关系，共同分享乐趣、分担压力、治愈创伤。

　　爱，是人生之根本，无爱则干枯、萎缩。世界上有千变万化的爱，我们为爱而跋涉、奉献、坚持、改变、锤炼、升华。无论为谁，无论付出何物，为爱而逝，方显生命价值。因此，我们应祝福有爱之人，保持爱的信念与期待，珍惜已获之爱，相信爱会生长、丰满、持久。相爱，方显彼此价值。

趁年轻，
热爱吧

相处出问题，
找自己的责任

偶像剧男主：
如果，你太幸福了
请判我全责

第四章
情性之爱

在争吵中，往往双方都负有责任，只是责任比重不同。爱的真谛不在于互相问责，而在于主动担责。即使自身责任较小，也应愿意承担更多，甚至在委屈时首先让步妥协。因此，在决定携手共度时，应自问是否准备好在出现问题时首先担责。若双方都有此意愿，幸福自会显现；若仅有一方坚持，关系尚可维系；若双方皆不愿，无论外表多么般配，面对困境时都将难以携手前行。

相处中，两人世界不可能永远平静，关键在于这段关系是否让彼此变得更好、更自在，能否激发个人潜力，展现独特光彩。若反之，这段关系使人更消极、愤怒、无助，那双方都有责任。我们或许未能给予对方足够的放松、热情、信赖与安全感，反而让对方常联想到负面情绪。

相爱中的责任感，不是逃避或放弃，而是以最大努力持续支持、鼓励、关爱对方。因爱，我们将对方视为自身一部分，不做对自己不利之事，同时期望对方做到的，自己先尽力实践。以这种积极态度看待关系，激发正面能量，超越自我限制，将达到意想不到的高度。

趁年轻，热爱吧

"学霸"
这样谈恋爱

情人节

我的学霸男友

送了我一本

《五年高考，三年模拟》

第四章 情性之爱

　　学优生与学困生在恋爱上的根本差异,在于对情感基础构建与拓展的重视程度。这体现了情感发展的目标导向:是严肃规划,还是随性宣泄。

　　昔日,学优生恋爱多围绕共同学习展开,旨在促进学业,确保情感不影响成绩。而今,学优生恋爱的模式有所演变,除了学习,更注重能力建设,形成新目标,如阅读、旅行、实习、参加讲座等,这些活动丰富了共同爱好与经验,深化了思想交流的基础。

　　无论时代如何变迁,恋爱不仅是情感的表达与娱乐,更在于共同学习与活动,增进理解与共鸣。好学生与坏学生的根本差异,依旧在于是否注重情感基础的建立与拓展,这直接引导着情感发展的路径。

　　当下,大学生恋爱现象较普遍,目标性虽减弱,但仍属个人选择。家长应适度沟通与引导,提供信息与启发,同时尊重年轻人的自我决定。年轻人并不排斥建议,相反结合自主意志,这些建议能提升其行为的合理性。此理同样适用于同龄的白领与蓝领。在此过程中,家长与老师应放下权威,与年轻人共学共进。

趁年轻，热爱吧

情感关系中的影响力及分寸

> 两只刺猬
> 为了拥抱彼此
> 都调整好了刺的位置

第四章
情性之爱

在情感关系中，个性差异难以避免，双方可能因爱或共同生活需求而调整个性，但彻底改变不易。个性强度、兼容度及资源结构均影响情感关系中的影响力。

追求者通常被动地维护关系并做出改变，而被追求者则提出要求并期待满足，但双方角色并非固定。若追求者长期投入却得不到回馈，可能会情绪爆发或崩溃。

新世代文化中，协议性分工与规则更适合长期关系，主导者也应尊重对方，避免隐形反弹。求同存异是处理个性、爱好、能力差异的最佳方式。共同基础如个性、价值观是必要的，同时应欣赏、学习、了解差异，给予对方空间与资源，保持透明与分享，使差异成为增进感情的桥梁。爱情促使人改变，但过分要求对方改变、贬低差异、批评吵架、全面掌握资源等行为不可取。反之，互不影响、必要改变不推动、影响他人积极性等行为也属影响力不足。在情感关系中，保持分寸，尊重差异，共同成长，方为长久之道。

阅读心得

通过阅读,我的收获和启示:

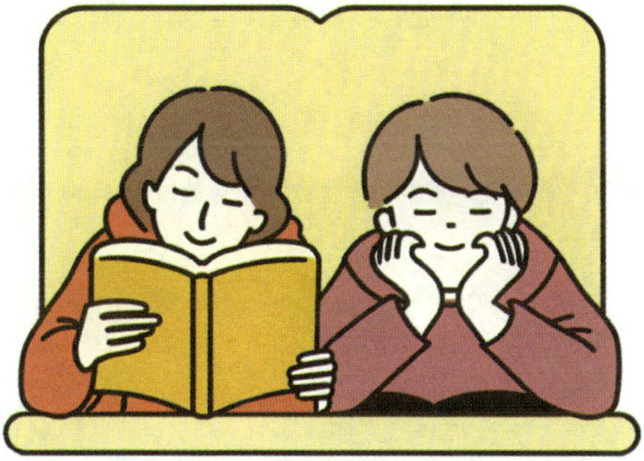

趁年轻，
热爱吧

示弱是有爱最可贵的标志之一

女朋友矿泉水瓶拧不开
总需要我帮忙
直到我看见她独自扛起了一个巨大快递
我悟了

第四章
情性之爱

想象一下，当一对情侣发生争执，一方选择离家出走，却在门口徘徊，等待对方的挽留。这看似是小小的妥协，实则是爱的表现，因为在乎，所以不愿真的离开。

在日常生活中，我们很容易陷入逞强的陷阱：或是仗着权威，不容置疑；或是执着于逻辑，非黑即白；或是炫耀能力，以暴制暴；或是情绪失控，肆意发泄。然而，真正的爱，需要学会示弱。它意味着放下身段，给予对方尊重与包容；意味着承认差异，接受并珍惜彼此的不同；意味着控制情绪，不让冲动破坏关系。

示弱，是一种自我委屈，为了给对方更大的空间。它让两个人的个性与特点在相互让渡中更加鲜明，形成凹凸有致的相嵌。在当代社会，年轻人的个性愈发鲜明，选择伴侣时更加注重合拍与否。然而，再合拍的两个人也会有冲突。此时，示弱的反应模式就显得尤为关键。它决定了相处的延续，保障了长期关系的稳定。

爱，不是无休止的争斗与较量，而是相互理解、包容与妥协。在爱的世界里，示弱是一种智慧，更是一种勇气。它让我们学会放下，学会成长，学会在彼此的陪伴中成为更好的自己。

趁年轻，
热爱吧

男女平等
与平衡

真正的平等
是建立在了解彼此差异的前提下
再去谈平等

第四章
情性之爱

在爱情的世界里,"怕老婆"这词儿听起来像是玩笑话,但其实它背后藏着男女平等的大智慧。真正的平等,不是表面的你来我往,而是深入骨髓的价值观。每个人从小接受的教育,形成的观念,都会影响他们如何看待性别角色。那些从小被灌输平等观念的孩子,长大后更可能成为尊重伴侣、追求和谐的人;而那些被性别刻板印象束缚的人,可能会在男女关系中迷失方向。

现代社会,知识的普及和互联网的发展,让性别平等的观念深入人心。每个人都应该建立起一套自洽的价值观,无论是来自传统文化还是现代思想,关键是能否帮助我们实现内心的平衡与和谐。平权素养、谈判文化、服务精神、合作精神,这些都是实现男女平等的重要工具。用好这些工具,我们不仅能在个人生活中实现性别平等,还能推动社会向更加包容和平等的方向发展。

所以,真正的爱情,不仅仅是心动的感觉,更是基于平等、尊重和理解的深刻连接。这种爱情,超越了性别的界限,促进了个体与社会的全面发展。在追求美好生活的路上,我们每个人都应该成为推动性别平等的力量,一起创造一个更加和谐美好的世界。

趁年轻，
热爱吧

情性之网
何其大也

本以为我是"白雪公主"
没想到结婚后我变成了"蜘蛛侠"
每天处理复杂的人际关系网络

第四章
情性之爱

　　一旦步入婚姻的殿堂，你就会发现，自己不仅要处理家庭琐事和亲缘关系，还得应对新家庭带来的复杂关系网。这张网，既有温暖的亲情，也有让人头疼的麻烦事。

　　结婚之后，你仿佛被强行贴上了"大人"的标签，家庭中的大事小事都需要你来操心。家庭成员之间的利益平衡、道理争执、关系远近，这些问题常常让人应接不暇。

　　爱情的结果，是两个家庭的融合。这需要双方共同努力，用真诚和爱心去维护这份关系。在现代社会，很多年轻夫妇用简单直接的方法去维护家庭和谐，核心要素包括单纯的爱、真诚的对待、谦虚的请教和诚恳的关爱。

　　沟通是解决家庭问题的有效方法。虽然坚持沟通并不容易，但它能帮助我们积累沟通的技能和智慧，了解不同人的性情和利益，学会把握沟通的分寸。在家庭这个小舞台上，每个人都是主角，也是配角，共同演绎着生活的喜怒哀乐。

> 趁年轻，热爱吧

爱就差一场病

- 老公高烧到晕头转向
- 医生要给他打点滴
- 他对我说：山无棱，天地合，乃敢与君绝
- 医生问我：是先治人，还是治恋爱脑

第四章
情性之爱

爱情，或许始于一见钟情的悸动与难以抑制的思念，但真正的爱情，在于平淡生活中的细腻关怀。它体现在对方是否懂得你的需求，是否在你焦虑时感同身受，是否努力弥补你的不足，是否时刻满足你的期待。这些细微之处，往往决定了一段感情的深度与温度。

在爱情的长跑中，双方很容易陷入平淡与习惯，但美满的姻缘需要至少一方的宠爱、宽怀、包容与周全。若双方都能如此相待，爱情便如同人间天堂。然而，爱情之路并非总是一帆风顺。面对对方的脆弱与困境，我们如初般相待，给予不离不弃的关怀与温暖，才是检验真爱的关键。

爱情常常充满不确定性，有时甚至需要经历突如其来的变故，才能真正考验它的深度与真实性。但请相信，无论人生如何颠簸，阳光的心态总能迎来阳光的结果。因此，珍惜每一个与爱人共度的细碎时光，将爱融入日常的点滴关怀中。真爱，往往就藏在这些看似微不足道的瞬间，等待我们去发现与珍惜。记住，爱情的真谛，在于平淡中的相守与患难中的不离不弃。

趁年轻，热爱吧

承诺和誓言的用处

> 我发誓
> 以后绝不在雷雨天发誓

第四章
情性之爱

在这个快节奏的时代，在人际关系中，承诺与誓言依然扮演着重要角色。

我们计划或相约要做的事，尤其是长久共同的事，需要明确目标、规则、禁忌与问责形式。将这些大声说出来，最好在共同的朋友或有声望者的见证下，甚至签定合同，约定权责，这不仅是对未来的期许，更是对自我的约束。

外化的承诺，如同管理工具，既能自我约束，也期待社会监督。对权威、长辈、领导的誓言，更是他人劝诫、批评的依据。神圣化的誓言，更触及内心，形成人格的内在压力。

没有承诺，没有协约，就难以建立紧密关系与合作。公开承诺，能澄清我们在社会关系中的角色，是公示、警示与明示。承诺与誓言，不仅约束承诺者，更考验其诚信。它们的存在，划清了信守与否的界限，为后续选择提供教训与参照。它们让爱有了方向，有了约束，更有了成长的空间。

趁年轻，
热爱吧

在一起，
不简单

谈恋爱，一起抱猫猫
结婚后，一起铲猫砂

第四章
情性之爱

　　伴侣为何携手？缘由多样，或为长辈期望、传宗接代；或按部就班，步入婚姻；或为追求爱情、实现梦想。然爱情之路多波折，冲突难免，包容亦有限，维持长久关怀、接纳与热情，实属不易。

　　恋爱与婚姻，差异显著。短期恋爱，差异带来趣味，忍耐度较高；长期相处，则需基于认同的接纳，改造往往引发冲突。人格特点与障碍，在一些关系中互补有趣，在另一些关系中则成为对立。因此，选择的重要性大于改变。恋爱在于积极互动与勇敢追寻，婚姻则在于非原则问题上的妥协与接纳。恋爱的底线是分离，而婚姻的目标是在冲突中维系关系。

　　简而言之，男女携手或因传统期待，或因爱情梦想。恋爱与婚姻，各有精髓，恋爱追求激情与互动，婚姻则需在差异中寻求平衡，共同努力，维系关系。

阅读心得

通过阅读,我的收获和启示:

第五章
化外之爱

趁年轻，
热爱吧

让自己拥有
另一面的感受

焦灼的时候
不妨翻个面
这样熟得透一些

第五章 化外之爱

我曾深受恐高困扰，直至一位心理学家朋友鼓励我直面恐惧。在加拿大，我尝试了高空悬索；在上海，我参加了环金中心百层透明走廊的晚宴；还有其他高空挑战，这些经历显著减轻了我的恐高症状。同理，缺乏安全感的人或许会通过某些行为寻求保障，但若方式不当可能反令周遭人感到不安。管理深层不安全感的更优策略是在成年后勇敢挑战它。如害怕与陌生人交往，就主动接触，从跑步时简单打招呼，到热情指路，乃至尝试推销，逐步克服。

面对紧张，人们常寻求放松。但年轻人，不妨尝试在紧张中再紧张一点，以提升耐受度，让之后的放松更加珍贵。挫折虽不受欢迎，却是成长的必经之路，坚持面对能增强成就感。幸福感不仅源于平静生活，更在于挑战后的幸存感，这种幸福尤为深刻。

探索未知、经历多样，更能激发新的期待。失落、不平与遗憾，亦能唤起不甘，驱动我们前行。青春象征活力，成熟则意味着掌控。在稚嫩与成熟间，存在转化的动力与压力，正是这些感受与情绪的多样表达，让生活多彩，让我们精神世界丰满而坚韧。感受的两面性，让我们的人生体验更加丰富，更充满力量。

趁年轻，热爱吧

做那个随时伸出援手的人

我身边总有很多乐于分享的人
例如，坐我隔壁的老头儿
把二手烟分享给我

第五章
化外之爱

有人总说："等我有钱了，等我有空了，再去帮别人。"但真正的帮助，并非要等到我们拥有了一切才开始。

帮助他人，其实随时随地都可以。不在于你拥有多少财富或多高的地位，而在于你是否有那颗愿意伸出援手的心。在帮助他人时，要注意方式方法。主动一些，不要等到别人走投无路时才伸出援手。同时，帮助的方式也要让对方能够接受，不要让对方感到有负担。真正的帮助，是无私的，是不求回报的。帮助他人，其实也是在帮助我们自己。一个经常帮助他人的人，会得到更多人的尊重和支持，也会收获更多的友谊和快乐。这种正面的能量，会让我们变得更加积极向上，也会让我们的生活变得更加美好。

我希望我们都能成为那个愿意分享、愿意帮助他人的人。不要总是想着自己能得到什么，而要多想想我们能给予别人什么。因为在这个世界上，没有什么比一份真挚的关爱和帮助，更能让人感到温暖和力量了。

趁年轻，
热爱吧

自以为是常有，
而自知之明不常有

领导问这个活儿谁能干
同事总是自以为是说他可以
不像我
很有自知之明地不吭声

第五章
化外之爱

　　我深知自己并非绝顶聪明,因此更加勤奋学习,善于借助团队力量,倾听他人意见,并珍惜当下。

　　自知之明源自与强者的交往和知识的积累。强大的朋友与伙伴如同镜子,映照出我们的不足;广泛的学习与探索,则让我们既自信又自知。更重要的是,我们要少说多做,通过实践来检验自己的能力,无论结果如何,都能明确自己的潜力所在。

　　有自知之明的人,既不自卑也不自傲,他们的话语充满力量,能赋予团队正能量。他们的坦诚与进步,让团队成员感到敞亮与成就。我们的态度与行动影响着团队,但只有成果才能决定我们的位置和地位。

　　面对挑战与困难,我们不能抱怨或退缩,尤其是对自己的选择与承诺。真正的自知之明是勇于担当,而不是自我丧失。团队中若充满无自知之明的人,将失去战斗力;若这样的人成为领袖,团队将陷入混乱。因此,我们要勇于面对挑战,用成果证明自己的价值。

趁年轻，
热爱吧

在追问中
寻找答案

项目垮了，领导在追责

我说：所以呢，那怎么办呢，你有什么想法

结果领导一句话不说

我就知道他被我难倒了，嘿嘿

第五章
化外之爱

建议朋友运动时,遭朋友连番追问,虽感无措,却也是锻炼逻辑表达能力的契机。在不太鼓励个人主见和表达的文化中,这种能力尤为独特,能给人留下深刻印象。

开放式追问同样有其价值,它促使人深入思考。遗憾的是,有效提问的方法和训练在我们的教育体系及职场中并未得到足够重视。学会提问与回答,是掌握知识与技能的捷径,也是社交的一种方式。我们应鼓励提问,并认真回应,这不仅适用于人与人之间的交流,在人工智能时代同样重要。

机器的问答能力源自人类智慧的结晶,而人的问答能力在机器辅助下是退化还是进阶,尚难定论。但无疑,持续提问与精炼回答,将推动我们向更高层次的智慧迈进。因此,无论是孩子、年轻同事还是服务对象,我们都应鼓励他们提问,而我们则需不断提升回答问题的能力。

趁年轻，
热爱吧

在利己和利他
之间的平衡

- 我总是处处为他人着想
- 为了不让地铁公车早高峰太挤
- 我决定再睡半个钟

第五章
化外之爱

　　单纯地坚持利己主义或利他主义都存在局限。利己主义易引发他人不平衡，尤其在亲近关系中，各自的利己追求易成为矛盾根源。而纯粹的利他主义则可能导致动力丧失，且常受日常生活经验与知识的抵触，缺乏回应时显得不切实际。

　　我成长于大家庭，目睹了利他与利己倾向的不同后果。短期看，利他者可能更受赞赏，但长期未必得到充分回报；利己者虽短期内得益，却易招致他人反感。这使我深刻理解到，对人不可亏待，但也不必过分讨好。人应首先照顾好自己，再适度关照他人，因为利他主义者无法感动利己主义者，利己主义者也无法获得利他者的认同。

　　实际上，利己者与利他者各有逻辑，收获各自的成果，满足各自的价值。利他者继续利他，满足其价值观，利己者追求利益最大化。在某种程度上这无关好坏，不论高低。重要的是，这两种人同时存在，又各自难以转换。因此，尊重彼此，各行其道，偶尔尝试以对方的方式思考行事，或许能带来不同发现。

趁年轻，热爱吧

细节影响品质

都说细节决定成败

在和客户谈判时

我清清楚楚地记得客户挑眉 20 次，扶眼镜 8 次

但奇怪，不知道为啥那次谈判还是失败了

第五章 化外之爱

❶ 吃饭时少说话,不仅出于礼貌,更是为了卫生。
❷ 忙碌不是忽视重要人和事的理由,重要的人和事总有时间面对,而且优先。
❸ 颜值与慷慨两者各有千秋。会挣钱是能力,花好钱是品性。
❹ 人格虽难以改变,但深爱能促使人持续自我修正。
❺ 亲爱是一种习惯,包含温情、亲密、为对方着想等自然反应,一旦亲爱消失,这些动作也会自然消退。
❻ 健全与不健全的家庭都有其自然的心理模式,我们应尽力为下一代和周围人营造健全的家庭感受。
❼ 成熟的心智带来责任感和边界感的确立,而对于心智不成熟者,越界与出轨可能成为他们寻求兴奋和心理安全感的方式。
❽ 我们主观上对未来想象多远,资源投入就会多集中,科幻、玄幻、魔幻作品的价值也在这里。

趁年轻，
热爱吧

积极改变状况，
也改变人生

乐观者说，生活是一杯美酒
悲观者说，生活是一杯苦酒
我说，都在酒里，再来一杯

第五章
化外之爱

　　我们每个人都有自己的需要与困难，但若只为自己考虑，往往会陷入孤立无援的境地。相反，若我们尝试先满足别人的需要，顾及他人的感受，伸出援手，可能会发现，在治愈别人的同时，也治愈了自己。积极分子之所以积极，并非因为他们更聪明或拥有更多资源，而是因为他们愿意用行动尽自己的本分，将心比心。

　　在组织中，我们不能只期待福利，而应思考如何为组织贡献自己的力量，哪怕只是一点点，都可能让集体变得不同。生活中，若因享受到的各种便利和关怀而欢喜，便能营造积极的氛围；反之，若因平淡或未得到更多而怨郁，就会陷入负面情绪。花费时间和精力去求证、实验、梳理逻辑，能让我们赢得他人的信任和尊重。相反，浮夸、吹牛、乱贴标签只会暴露无知和虚伪。

　　尽管世界难免无奈，但我们可以在微观和细小的层面上展现积极，与同为积极分子的伙伴们共同迸发出积极能量，让世界因我们的存在而变得更加美好。

阅读心得

通过阅读,我的收获和启示:

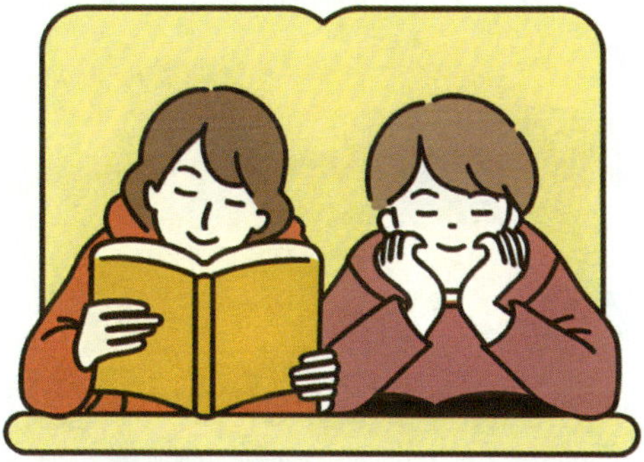

趁年轻，热爱吧

珍惜想象
所产生的力量

你知道吗

想象是一种穿越异空间的能力

甚至还可以在异空间

带点东西来到现实世界里

那就叫创新

第五章 化外之爱

　　想象，是超越常规思维边界的构想与行动蓝图。想象需广泛的知识启发，跨越科学、文学乃至神学，构建新知联系，设定概率锚点，形成新图景，并持续完善。善于想象者大多知识面广，勇于构建新构想，不拘泥于常规。

　　想象中虽有荒诞与空谈，但也不乏进化为行动构想与科学计划的例子。历经时间淘选，部分想象成为热爱与成就动机的源泉。想象为领导提供非传统决策选项，为普通人带来生活的好奇，为工作提供创新方案，为人生增添新知与尝试机会。

　　无论是家长、老师、领导都应倡导和鼓励各种想象，包括无边际、知识性、颠覆性想象，及其催生的新设计、新行动与新项目。想象如同种子，需沃土、培植与保护，方能迎来丰收的季节。

趁年轻，
热爱吧

有多少钱可以心安

其实，我的心态以及习惯

有钱没钱时都一样

例如，我有钱没钱都一样的"抠"

铁公鸡→

第五章
化外之爱

　　周围的朋友中，不乏从高管或地产管理转投创业的例子，即便收入锐减甚至面临公司倒闭，他们也不后悔。因为在原岗位，未来过于确定，失去了挑战与吸引力。同样，有的职场人跳槽后收入激增但压力也增大，他们满意于能面对并解决问题，却也需适应新环境。

　　面对金钱与热爱，每个人的选择各异。我选择了我热爱的数据分析，相信热情与投入能带来财务宽裕。我追求的不是短期财务，而是更长远的考虑。

　　成熟人士需考虑家庭未来、社会公益及资产增值策略。企业家的收入不仅限于薪资，还包括分红、资产处置等。支出同样需谨慎规划，生涯规划不仅限于年轻时代，事业有成后也需不断更新。

　　青年朋友多从职场起步，经历月薪微薄却仍能存钱的阶段。除了日常消费，我们应有投资性质的资金，如学习、社交、职业转换支出，甚至公益与炒股。捂紧钱包或许安全，但懂得适当分流的人更可能成功。让有限的资金人力资本化、社会资本化甚至财务资本化，才能走得更远。

趁年轻，
热爱吧

平常心
与不平常心

遇到一个帅哥

告诉自己要以平常心对待

于是后来

我们成了朋友

第五章
化外之爱

网络上常有疑问,为何"平常心是道"?实则,平常心之珍贵,往往经历非凡变故后方能显现。因此,于常人而言,保持不平常心方显道;而对不凡之人,回归平常心即是道。

在企业家群体中,阅读名人传记蔚然成风。这些传记展现了企业家独特的人格特质与非凡成就,但对他们而言,接纳平常的人性同样不易。

我常说,人需通过行动认识自己,让鹰翱翔鸡觅食,各得其所。无论是企业家还是就业者,做成自己,便是成功。然而,"达人之境"更在于富贵时能体会平民心境,贫贱时仍持尊贵之行。洞察大势者,既有战略眼光,亦关注细节;做具体事时,不忘大目标。这种穿越两端、富有弹性的生活态度,体现了不同寻常的人性高度,超越了"做成自己"。

要达到此境,需不断离开舒适区,挑战自我,创造新的成就感。这样的人生立体别致,有人为之精彩,有人不为所动,更多人则因压力过大而退缩。但人生之路,正在于此。人生因此而丰富,虽充满挑战,却也值得追求。

趁年轻，
热爱吧

该愤怒
就愤怒吧

想生气

就生气

为什么还要谁同意

第五章
化外之爱

　　网络上常有人认为愤怒是懦弱、能力不足、缺爱或素质差的表现，对此我不以为然。面对拆台、背叛、恶意伤害及背信弃义，愤怒是正常人应有的反应。胆小、修养好或怕吃亏或许会让人压抑愤怒，但真正的世外高人不会在所有愤怒场合都无动于衷，那更可能是麻木不仁或生闷气。生闷气不仅无法影响他人，还可能转嫁暴力，甚至导致抑郁。

　　愤怒有其正面作用，它可能激发见义勇为、果断决定和性情之举。相较于温吞和毫无原则，愤怒有时能成就正义。因此，愤怒时不妨表达出来，通过适当方式宣泄情绪，如拍桌子、吼叫，但需注意避免直接施暴、转移目标、极端言行或长期冷暴力。

　　愤怒后的反思与复盘更重要。寻找更合适的表达方式，如选择性停止提供资源、明确决定、调整相处规则，并在情绪平静后重新审视决定与行动。在朋友面前，易怒或许不是佳象，不怒而威更具魅力。然而，愤怒并非坏品行，轻易不怒，怒而有威，怒而有责，才是领导者不可或缺的品质。

趁年轻，热爱吧

耐心之源

我对我的工作向来都挺有耐心的
只要我的老板别来催我

第五章
化外之爱

　　耐心，这一品质看似天生，实则深受家庭、成长环境及个性形成期周遭环境的影响。窘迫、虐待与忽视往往难以孕育出对他人的耐心，但真爱、非凡关怀、深刻辅导或信仰转变却可能成为转变不耐个性的契机。反之，情感的背叛、商业欺诈、亲友的伤害等事件也可能导致信任崩溃，使有耐心之人变得焦躁。重建信任，是耐心重生的关键。

　　随着阅历的增长，我逐渐领悟到，缺乏恒久的宽仁与接纳，爱将变得脆弱且短暂。颜值、事业、体质、财富等外在条件都可能随时间流逝而衰退，唯有耐心能维系爱的长久。

　　反思自我，我们是否能在胸怀中同时容纳自己与他人？在比较中，我们是否更关注对方的全貌而非仅美好一面？我们所认可的他人与其自我认知是否一致？若对方行为利他或功利，这对我们的关系是促进还是阻碍？即便对方有诸多不足，我们是否能给予其独特的理解与包容？耐心，是有心之人的数倍放大，它让爱更加坚韧与深远。

趁年轻，
热爱吧

爱张罗的人才

每次聚会组局
大家总会不由自主对那个
"爱张罗"的同学
回复"收到"

第五章
化外之爱

　　我一直倡导环游世界，却常听到朋友回应："那你来组织啊！"在各类社交圈中，主动张罗的人总是少数，而乐于参与或协助的人同样不多，更多的则是坐享其成者，甚至不乏挑剔批评之声。张罗之事，既非个人直接责任，也无明文规定，但它不可或缺。无论是公益活动、聚会还是日常协调，都需要有发起者、组织者等多重角色。这些角色常被视作热心肠，甚至别有企图。正因如此，有些人因个性或责任感投身其中，有些人则觉得得不偿失。

　　在当前社会多元文化的影响下，部分人趋向于精致的利己主义。即便那些身负公共职责的群体中，也有个别未能充分发挥自身知识和智慧优势积极服务他人的人。这种精致的利己主义者，让那些主动为公共事务奔走的张罗者倍感孤独，在推动事务进展时不仅成本增加，还面临社会负面压力。但缺乏张罗者的社会，显得机械、刻板，缺乏人情味和深度。

　　我们应多肯定与鼓励张罗者，他们的存在让生活更加多彩。年轻人应从张罗事情做起，培养与社会的联结，这将极大培养他们面对人群、问题、责任、机会和非议的能力。趁年轻，张罗吧！

阅读心得

通过阅读，我的收获和启示：

_____

_____

_____

_____

_____

_____

_____

_____

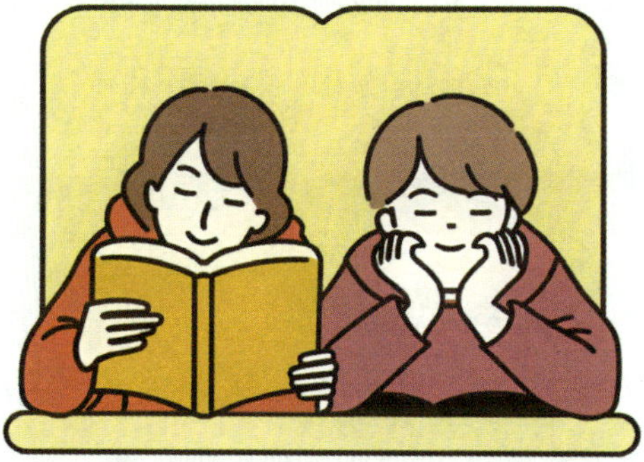

趁年轻，
热爱吧

年轻可以背井离乡

人生无非就是
年轻时，"闯一闯"
年老时，"喘一喘"

第五章 化外之爱

　　我们常常依赖家人和老师的意见，这是成长初期的自然现象。然而，这种依赖也可能成为个人发展的限制。父母可能以自己的情感作为支持孩子的核心能量，却忽视了孩子独特的潜能与世界的变化；老师提供的基础知识，往往只是职业未来所需知识的一小部分。

　　明智的家长和老师应鼓励孩子接触新知识、学习新工具、掌握新能力，在此过程中认识新场景、结识新人脉、树立新目标。他们应观察、点拨与提醒孩子，甚至向孩子讨教与学习。最不可取的是替孩子做决定，将自己的理想强加给孩子。

　　因此，我建议年轻人去异地求学、工作，结交更多陌生人。这不仅能看到不同的风景、美食与人文，还能展现自己的特色与差异性。在家长鞭长莫及的地方，年轻人可以尝试更多之前被限制的选择，获得新知识。学会生活自理、照顾别人，通过社会实践、志愿活动与公益服务，逐步了解社会状况。

　　对于未来的规划，家长和老师的意见仅供参考。决策应以自己获得的知识、经验和对匹配度的判断为准。不要总期待他人给出答案，自己探索的过程与培养的能力将长期受用。

趁年轻,
热爱吧

意志力
也是一种生产力

我健身的"意志力"只有三步:
买装备
发朋友圈
取消健身房会员

第五章
化外之爱

    明确的目标与坚定的意志力是成就事业的双翼。为目标而奋斗，无论是优化条件还是创造条件，都能显著提升成功的概率。相比之下，目标模糊、资源分散、关系不明朗，则成功之路更为崎岖。

    意志力，体现在目标设定、坚持与路径选择上，是面对挑战不气馁的觉悟，是将有限收获与教训转化为前进阶梯的能力。它能在看似不可能的任务中发挥作用，通过基于远见与洞察的目标设定，以及常人难以坚持的努力，让不屈不挠者获得突破，吸引更多跟随者。

    有意志力才让很多事情不止于浅层，为难点提供破解机会，引领庸常之人搭载事业之舟，让异想天开得以落地。它促使团队形成集体意识，将分散的资源粘合，产生超越个体的能量。意志力作用的成果，又进一步增强了更多人的意志，形成良性循环。意志力让梦想照进现实，让挑战化为机遇，引领我们穿越黑暗，迎接光明。

趁年轻，
热爱吧

当万千感受
付诸笔端

如果把我的人生写成传记
那可能通俗易懂

第五章
化外之爱

从南宋文天祥的"留取丹心照汗青",到现代的各种记录,书面记载一直是人类历史的重要组成部分。书面记载的重要性体现在三个方面:

首先,书面记录是我们人生痕迹的载体,让我们的生活得以与他人共享,与社会连接。无论是个人经历还是学术研究,书面呈现都是必要的。书面呈现的水平反映了一个人的思维深度。

其次,从法律角度看,书面记录具有法律效力,是保障我们权益的重要手段。无论是商业合作,还是日常借贷,书面合同都是必要的。养成书面记录的习惯,有助于我们在复杂社会中保持情绪稳定,思路清晰,做事合理。

最后,书面化有助于提炼和提升我们的生活经验和工作技能。将感受、发现和认识记录下来,可以变成客观的知识,供他人学习和借鉴。通过书面化,我们可以更好地呈现自己在世界中的体验、表达和互动。

试着每天为自己写一篇文字,一年后,你将拥有一本属于自己的作品,这将是你人生宝贵的财富。

趁年轻，热爱吧

无用之用

无用之用，皆为大用
这是我妈骂我的时候
我的万能金句

第五章
化外之爱

　　我在武汉度过了一个轻松的周末。没有客户会面，也没有探访久违的朋友，只是在酒店里打打游戏，品尝了街头美食，漫步江滩观赏了长江东流，逛了逛黎黄陂路，享受了夜间烧烤，还读了大半本悬疑小说。

　　这样的时光看似无用，但对我而言却异常珍贵。创业后，我的生活节奏变成了无限上班、无限服务、无限责任，任何时空都被赋予了用处。然而，正是这样的生活节奏，让那些看似无用的时光显得格外宝贵。我享受读无用的书，看无用的节目，去无用的地方，走无用的路，遇见无用的人，成为无用的朋友。这些无用之事，让我没有企图心，不计算收益，得以放松，感受单纯。

　　其实，无用并非真的没用。放松本身就是一种用处，对于紧张的工作和持续的服务而言，休闲放松尤为难得。习惯了工作的惯性线路，无用之事往往能拓宽新的知识，增长见识，带来别样的启发和触动，成为创新思维的切入点。此外，无用中的独处与默想，也有梳理的功效，让我在忙碌中抽离出来，反思可能有的迷失、瑕疵和遗漏，探索另一种选择或逆向选择的可能性。

趁年轻，热爱吧

那些眼里有光的人

> 有人说我眼里有光
> 我很开心
> 虽然那是医生说我有青光眼

第五章
化外之爱

我结识的一些朋友，他们眼神中闪烁着光芒。演讲时，他们传递的不仅是言语，更是有力的眼神。无论是坐在你对面的年轻人，还是历经沧桑的老者，他们的眼神都显得犀利而明亮。

眼神是心灵力量的体现。能发出光的眼睛，往往源自富有好奇心、聚焦度和洞察力的心灵。孩童时期，我们带着天真与好奇，眼神清明有神。然而，随着年龄的增长，大部分人逐渐失去了这样的眼神，甚至失去了平视、直视的能力。因为我们失去了纯真、自然与从容，也失去了好奇、探问与追寻。当我们看到同龄人或其他成年人眼里仍有光时，会感到特别的能量，却忘了自己曾经也有过这样的光。

我们丢失了自然，收获了局促；丢失了放松，收获了畏缩；丢失了直接，收获了迂回；丢失了敞亮，收获了昏暗。但任何时候，都没有人禁止我们好奇、聚焦和洞察，也没有人能阻止我们去探寻、直视和想象。因此，我们可以随时重启眼里有光的进程，尝试擦亮双眸，找回那份纯真与力量。

趁年轻，
热爱吧

在知识的边界处
碰撞生辉

我干一行能垮一行

咱就说，不要给自己设限

第五章
化外之爱

因认识能力和工具的局限，人类开启了科学、职业与管治的分类。这种分工促进了学习、写作与工作协同，但也导致了知识、部门与行业的分隔，限制了知识突破与应用能力的提升。我们虽获取了知识，却也为获取方法所束缚。

随着信息与知识的累积、网络技术的发展，跨界互联成为可能。模型泛化与算法跨透的进步，使我们能跨越领域界限，实现通用化知识的获取、迁移与应用。在此背景下，学科、专业与部门的交叉处成为知识生成的关键，边缘变为核心，交叉成为主流。

学习方法、工作方法与问题解决方式正呈现跨科、越界、碰撞与迁移等形态。在机器学习、算法生成和多模态协同技术支持下，问题构设、分析成果与应用模拟等方面展现出独特效率与成就。这是一个需全面调整科学体系、工作分工与思维逻辑的时代。在原有知识边界内，我们或许只能取得细微进步，因此，需在知识的边疆地带重点探索、合作与重置重心，以期实现跨越性成就。

阅读心得

通过阅读，我的收获和启示：

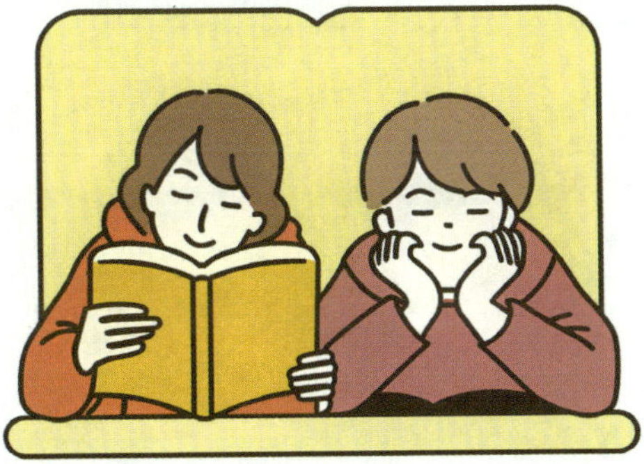